科学出版社"十三五"普通高等教育本科规划教材

生物化学实验

张月杰　刘　涛　主编

科学出版社
北　京

内 容 简 介

本教材本着简明实用的原则，选编了 18 个具有代表性的生物化学实验。实验项目设置了启发式问题，培养学生动手与动脑、理论与实践相结合来分析和解决问题的能力。书后附有实验室常用仪器使用指南、常用生物化学数据表及实验报告撰写指南等。

本教材可供高等院校生物、农林、医药等专业师生使用。

图书在版编目（CIP）数据

生物化学实验／张月杰，刘涛主编. —北京：科学出版社，2020.5
科学出版社"十三五"普通高等教育本科规划教材
ISBN 978-7-03-063155-8

Ⅰ.①生… Ⅱ.①张…②刘… Ⅲ.①生物化学–实验–高等学校–教材
Ⅳ.①Q5–33

中国版本图书馆 CIP 数据核字（2019）第257296号

责任编辑：王玉时 / 责任校对：严　娜
责任印制：张　伟 / 封面设计：迷底书装

科 学 出 版 社 出版
北京东黄城根北街 16 号
邮政编码：100717
http://www.sciencep.com

北京中科印刷有限公司 印刷
科学出版社发行　各地新华书店经销
*

2020 年 5 月第 一 版　开本：787×1092　1/16
2023 年 1 月第五次印刷　印张：10
字数：237 000

定价：39.80元
（如有印装质量问题，我社负责调换）

《生物化学实验》

编写委员会

主　编　张月杰　刘　涛

参　编　（以姓氏笔画为序）

王　娜　刘　文　张启丽　徐征豹

高政权　曹忠红　谢文海　谢昌健

前　言

生物化学是揭示生命物质基础及代谢规律的科学，是生物学及相关本科专业的核心课程。作为基础性和前沿性学科，生物化学实验的原理、技术和方法已渗透到生物、医药、环境、食品以及工农业生产等各个学科和研究领域，其理论知识和实验技术为其他学科提供了重要的研究手段及技术支持。

编者基于多年的生物化学实验教学实践，在本书编写中力求突出以下特点。第一，强调模块化分层次教学，按照学习进程和学习规律进行安排，循序渐进地提高实验技能。第二，实验步骤中设置"问题"，在动手操作的同时培养学生观察和思考能力，手、眼、脑并用，知其所以然，明明白白做实验。第三，附录设置与实验指导配套的实验报告，强化课前预习、规范实验数据的记录和分析、加强实验结果的分析和讨论。第四，强调任务驱动或问题探究式教学，模拟简单的科学研究活动，提高学生发现问题、分析问题和解决问题的能力。实验项目后提供"应用实践"和"拓展阅读"，便于学生进行深入学习。第五，基础性实验和巩固提高实验部分设置"内容提要"，说明实验技术或实验项目的基本概念、特点或应用；设置"实验原理"，内容精练，提升学生的实验理论素养。

本书在编写过程中得到山东理工大学的大力支持，特别感谢胡巍老师和张秀芳老师为本书编写提出的宝贵意见及建议，感谢山东理工大学生命科学学院领导和同事给予的热情帮助，在此表示衷心的感谢！

由于编者水平所限，本书难免有不足之处，真诚欢迎同行专家、广大读者批评指正。

编　者

2019年10月25日

目　录

生物化学实验课程要求

实验教学的目的不仅仅在于加深对所学基本理论、基本知识的理解，掌握电泳、层析、分光光度分析等基本实验技能；更重要的是通过对操作观察、数据分析、撰写报告等环节的训练，培养学生发现问题、分析和解决问题的能力，初步掌握探究问题的科学方法，培养创新意识，提高科学素养。因此在即将进入生物化学实验室的时候，对同学们提出如下要求。

第一，充分预习，课前完成预习报告。进入实验室前应该理解实验原理，熟悉整个实验流程，找出关键步骤，明确要解决的问题。要知道为什么这样做、怎样去做，才能有条不紊、顺利地完成实验，得到预期的实验结果。应做到：①通读实验指导，用流程图列出整个实验的步骤，并在每一步标示出关键步骤和注意事项。②小组成员针对实验项目进行讨论，根据具体情况安排好操作顺序，统筹好实验时间，做到合理分工、各负其责、合作完成。③提前十分钟进入实验室，准备好实验所需用品。

第二，态度严谨，规范地"有意识"地进行操作。生物化学实验步骤多，操作较复杂，只有认真有序地进行实验操作才能得到可靠的实验结果。不论是称量、转移，还是离心、定容、比色都要规范操作，要对每一步做到心中有数，只有这样才能对最后出现的实验数据做出合理的分析和推断。实验中通常会要求称量"毫克"级，或移取"毫升"级、"微升"级的液体，或保持严格的反应温度、反应时间等，这些稍有差错都会对结果造成很大的影响。

第三，学会观察实验现象，并及时记录。大多数情况下生化实验时间较长，操作步骤较多，实验过程中某个环节出现的问题并不会被及时发现，只会表现在最后的实验结果上。因此实验过程中要做到及时观察、如实记录，如溶液的颜色变化、溶液是否澄清、操作过程中的异常等。养成及时捕捉实验细节、客观准确地描述实验现象的习惯，为实验结果的分析和研判提供依据。

第四，如实记录实验数据，合理分析"不正常数据"。由于生化实验受样品、实验条件影响较大，经常会出现实验结果与"理想"结果不符的情况。此时应尊重实验事实，有针对性地对照分析，或展开验证性实验（试剂是否失效、仪器运行是否正常、条件是否合适），找到出现问题的原因。"不正常"实验结果常常可以引发更深入的思考和分析，更有利于培养学生科学思维能力、提高分析和解决问题的能力。

第五，规范撰写，按时完成实验报告。实验结束后及时撰写并按时提交实验报告。要求书写整洁、表述准确、条理清晰、言之凿凿。图表标识要规范（如标准曲线的横纵坐标、浓度单位、酶活力单位等），数据处理和分析应有详细过程，实验现象的分析和解释应有逻辑性，结论应恰当、全面。鼓励同学们通过查阅科技文献或小组之间的讨论和交流，强化对实验结果的分析、讨论和总结，敢于提出自己的观点。对整个实验过程有认真的回顾和总结，鼓励提出实验改进措施等。

生物化学实验室规则

（1）自觉遵守实验室纪律，听从指导教师的安排，认真按照实验步骤和操作规程进行实验。保持室内安静，不大声说笑和喧哗，不进行与实验无关的活动。

（2）实验室内严禁吸烟、饮水和进食。进入实验室内必须穿着隔离衣，不得穿短裤、拖鞋进入实验室。

（3）实验台、称量台等台面必须保持清洁整齐，切勿使药品（如 $NaOH$、H_2SO_4 等强腐蚀性或有毒试剂）洒落在仪器和实验台面上。

（4）厉行节约。取用试剂和蒸馏水要注意节约，按实际使用量取用；药品用完放回药品架，严禁瓶盖及药匙混用。烘箱和电炉用毕必须立即断电。

（5）使用有毒试剂（如电泳凝胶储备液）时，不得接触皮肤和伤口。实验废液分类回收后统一处理，严禁倒入水池内。有毒和刺激性气体操作应该在通风橱中进行。易燃易爆物操作应远离火源。

（6）使用贵重精密仪器应严格遵守操作规程，用完后要填写使用记录。仪器发生故障应立即报告教师，不得自己随意检修。

（7）实验完毕要及时清洗玻璃仪器，整理好实验台面，打扫实验室卫生。损坏玻璃仪器要及时向教师报告，并自觉登记，严禁私拿他组仪器。

（8）实验完毕，值日生要认真做好实验室的卫生打扫工作，最后检查并关好水、电、门、窗。

（9）实验前熟悉消防栓、灭火器、紧急洗眼器等放置地点，明确它们的使用规范，熟悉实验室安全标识的含义。

第一篇 实验技能训练及基础性实验

本书中的生物化学实验包括离心、比色、层析、电泳，以及生物大分子提取、定性和定量分析、酶活性测定等，还包括一些基本操作技能，如玻璃仪器清洗、溶液配制、移液、研磨或匀浆等。夯实基本实验技能、锻炼实际操作能力是生物化学实验入门的基本功。

本篇的主要内容是常用仪器设备的使用和基本操作技能训练，包括玻璃仪器的清洗和干燥；天平、离心机、分光光度计的使用；移液管和移液枪的使用；容量瓶的使用等。通过本篇学习，要求学生熟练掌握称量、研磨、匀浆、离心、定容、移液、比色等基本操作方法；掌握原始数据记录与处理、实验报告的规范书写；学会找出实验操作的关键环节及注意事项等。

实验一　基本实验技术训练（Ⅰ）

生物化学实验可粗略分为定性分析和定量分析两大类。**定性分析**是对物质的种类或其含有的元素、基团进行鉴别，只有对物质种类进行鉴别后，才能选择适当的分析方法对其进行定量分析。**定量分析**是在定性分析的基础上，用化学分析的方法测定物质中各组成成分的含量的过程。

试管、移液管、移液器和容量瓶等是生物化学实验最常用的器具，移液、称量、定容是最基本的操作方法。

【实验目的】

（1）识别常用玻璃仪器；掌握玻璃仪器的清洗及玻璃仪器的正确使用方法。

（2）掌握电子天平、电子分析天平、可调式移液器等仪器的使用方法。

【实验仪器】

实验用玻璃仪器、可调式移液器、电子天平、电子分析天平。

【材料与试剂】

氯化钠、0.1% 有色溶液。

【实验步骤】

1　玻璃仪器清点和清洗

1.1　玻璃仪器清点

表 1-1 是各实验小组所需要的小型玻璃仪器，按照清单核查实验橱内的玻璃仪器，如有数量不足或者破损，及时反馈给实验老师。实验过程中应精心使用和保管这些仪器，不要丢失，实验结束后按照清单核对交还实验室。

表 1-1　生物化学实验所需玻璃仪器的配置单

名称	规格	数量	名称	规格	数量
具塞试管	15 mm×150 mm	25	容量瓶	50 ml	2
烧杯	10 ml	12		25 ml	2
	50 ml	2		10 ml	5
	100 ml	2	培养皿	120 mm	2
	250 ml	1	吸球		1
	500 ml	1	药匙		2
刻度移液管	1 ml	4	离心管	10 ml	4
	2 ml	4		50 ml	2
	5 ml	2		500 ml	1
	10 ml	2	微量滴定管（附座）	5 ml	1
玻璃棒		2	洗瓶	500 ml	1

名称	规格	数量	名称	规格	数量
量筒	10 ml	1	研钵	120 mm	1
	100 ml	1		60 mm	1
直滴管（附胶头）		5	试管架	40/20 孔	1
锥形瓶	50 ml	4	离心管架	多用	1
	100 ml	4	试管夹	竹/木制	1
	250/300 ml	1	白瓷板	6/12 穴	1

1.2　玻璃仪器的清洗和干燥

实验中使用过的仪器应立即清洗，若搁置一段时间残留物就附着到仪器内壁变得难以洗涤，也有一些物质与仪器本身发生反应使仪器受损或报废。不能及时洗涤的玻璃仪器，应该用流水初步冲洗后，再泡入清水中。

洗刷玻璃仪器前应先将手洗净，以免手上的污物沾染在仪器壁上，增加洗刷困难。洗涤时一般采用"自来水冲洗—刷洗—自来水冲洗—蒸馏水冲洗"的步骤。具体方法如下。

（1）沾有油污等容易洗涤的一般性污垢且可以用毛刷刷洗的仪器，如烧杯、试管、锥形瓶等，清洗时先用自来水简单冲洗，后用毛刷蘸取洗涤剂、去污粉等仔细刷洗，再用自来水冲干净，最后用蒸馏水冲洗 3 次。蒸馏水冲洗时应沿着仪器内壁顺壁冲洗，并充分振荡以提高冲洗效率。完全清洁后晾干、吹干或烘干备用。

注意：使用毛刷刷洗时，刷子的铁丝部分不要碰触容器内壁，也不要用力过猛，以免造成容器损坏或人员受伤。

如果玻璃仪器附着有不溶于水的、难以刷洗的污物，如水垢、染料等，根据污物性质选用稀盐酸、稀硝酸或 3% 盐酸乙醇等清洗剂进行浸泡，浸泡后的仪器先用自来水冲洗，然后如前述方法进行清洗。

（2）不能用毛刷刷洗的仪器，如微量滴定管、比色皿等不规则或精密玻璃仪器，可先用自来水冲洗，再用铬酸洗液或其他洗涤液浸泡，用自来水冲洗干净，再用蒸馏水冲洗至少 3 次。

（3）新购置仪器表面有游离碱存在，可先用自来水冲洗，再用 1%～2% HCl 溶液浸泡 2～6 h 或过夜，取出后用自来水冲净，最后用蒸馏水冲洗 3 次。

（4）聚乙烯、聚丙烯等塑料器皿在实验中被越来越多地使用。第一次使用前可先用 8 mol/L 尿素（用浓盐酸调节 pH=1）清洗，接着依次用蒸馏水、1 mol/L 的 KOH 溶液和蒸馏水清洗，然后用 1 mmol/L 的 EDTA 浸泡除去金属离子的污染，最后用蒸馏水彻底清洗。以后每次使用时，可只用 0.5% 的去污剂清洗，然后用自来水和蒸馏水洗净即可。

洗涤后的玻璃仪器器壁上均匀地附着一层水膜，既不聚成水滴，也不成股流下，这是玻璃仪器洗净的标志。

洗净后的玻璃仪器可根据自身的特点，倒置在干燥架上自然干燥；或用气流干燥器吹干；也可沥干水后置于电热烘干箱内烘干，温度控制在 105～110℃。

注意：精密计量容器，如移液管、容量瓶等不能高温烘干，否则会影响仪器的精度，可晾干或冷风吹干。

2　天平的使用和称量训练

不同电子天平、电子分析天平的使用方法可参见附录一指南八～十。

2.1　天平的使用

1）将天平摆放水平　天平是否处于水平可通过检查水平指示器的气泡是不是在指示器中央位置得知，如不在，可以通过调节天平支脚的高低，使气泡位于水平指示器的中央位置即为水平状态。

2）开机　按压电源键，接通电源，显示屏被点亮，天平会进行自检；待显示屏出现 0.00g 时方可使用。

3）称重　将空容器置于称量盘上，待显示屏显示的数值不再变化时显示为容器的质量；此时按压去皮键，显示屏被"清零"，显示为 0.00g；这时可将需要称量的物品置入，进行称量操作。

称量完毕后关掉电源，拔下电源插头，将称量盘清理干净。

注意：①调节天平水平时不能开机；②开通电源时称量盘上不能有物品，不要按任何按键；③称量盘上物品的总质量不能超过天平的最大称量值；④关机时不要直接拔掉电源。

2.2　称量训练

分别用电子天平、电子分析天平精确称取 0.5 g NaCl。

在天平称量盘中央放置折好的硫酸纸（或干燥的 50 ml 小烧杯），清零；用药匙往硫酸纸上缓慢添加 NaCl 粉末，直至屏幕上的读数为 0.50 g（电子天平误差范围 ±0.02 g；电子分析天平误差范围 ±0.0002 g）。

重复称量 3 次或 4 次，直至熟练。

3　刻度移液管、单道可调式移液器的使用及移液训练

3.1　刻度移液管的使用

问题：移液时应该如何选择移液管？

1）准备　首先要查看刻度移液管的准确度等级和刻度线位

置等。使用前应先洗涤干净，除去内壁污垢，清洗后的刻度移液管内壁应不挂水珠并沥干。

2）刻度移液管的持法　用右手或左手的拇指与中指、无名指和小指三指相对，捏住移液管的近上端，食指翘起堵在管口处。中指、无名指和小指略分开，移液管紧靠中指、无名指及小指的第一关节根部，使移液管自然下垂。这样持握面积较大，对移液管有良好的控制力，可确保移液管不发生摆动。

手指持握移液管的位置以食指能方便堵紧上管口为宜，不宜离管口太近或太远。

3）吸球的持法　用另一只手的拇指和中指持握吸球的球体与吹管连接处，食指按在球体后部的微凹处。使用前用食指按压吸球顶部，可将球中空气压出。

4）润洗　刻度移液管在使用前应先用滤纸将管尖端内外的水吸干，然后吸入待移取溶液至该管容量的1/3左右；用食指堵住管口，取出横持，并转动移液管使溶液接触到刻度以上部位，置换内壁的水分，然后将溶液弃去。重复此过程3次，以确保溶液的浓度不变。

5）吸液　吸取溶液时，一般将刻度移液管插入溶液液面之下1～2 cm，不要太浅或太深。先把吸球中的空气压出，再将吸球的尖嘴接在刻度移液管上端，慢慢放开压扁的吸球将溶液吸入管内，待液面上升至所需刻度线以上1～2 cm时，拿开吸球，同时用另一只手食指迅速堵住上口。

6）调节液面　将刻度移液管向上提升离开液面，拿出刻度移液管，保持直立，将移液管外沾着的溶液用滤纸擦掉。略微放松食指，另一只手慢慢转动刻度移液管，使管内溶液缓缓从下口流出；查看刻度时应使眼睛与刻度线平齐，直至溶液的凹液面底部与标线相切时立即用食指堵紧管口。如果移液管的末端有悬挂的液滴，用干净的滤纸擦掉。

7）放出溶液　将盛接溶液的容器倾斜，保持移液管直立，将移液管的尖口抵靠在容器的内壁上（在完成放液前必须始终靠在容器的内壁上），松开食指让溶液沿容器内壁流下，待全部溶液流完后需等15 s后再将刻度移液管移开，以便使附着在内管壁的溶液充分流出。移液管在使用完毕后，应立即用自来水及蒸馏水冲洗干净，置于移液管架上。

容易出现的错误：①将空气吹入溶液中，反复吸取溶液；②移液管插入溶液太浅导致吸空，污染吸球和溶液；插入过深，外壁沾有过多溶液；③不去掉外壁沾着的溶液；④放液时管口悬空在承接容器上方；⑤随意将管口残液吹入承接容器；⑥远距离移液。

问题： 如果放液时不抵靠容器侧壁或吹出残液，对移液的准确度各有什么影响？

3.2　单道可调式移液器的使用

单道可调式移液器的使用方法参见附录一指南十四。

3.3　移液训练

1）刻度移液管的移液训练　取一个干燥洁净的 50 ml 烧杯，置于电子分析天平的称量盘上，进行称重并去皮。取洁净的 1 ml、2 ml、5 ml、10 ml 刻度移液管各 1 支，按标准使用方法进行移液，每次准确移取刻度移液管最大刻度的纯水放入小烧杯中进行称重并记录数值。

重复移取称量 3 次或 4 次，记录每次移入纯水的质量，操作的同时记录当时的室内温度。根据纯水的质量和在该温度下的相对密度值（详见附录六），计算每次移入纯水的实际体积，并进行误差计算。

若时间允许可作如下改变进行练习：①改变移液的体积数；②改变眼与刻度线的对齐位置（平视、俯视、仰视）时移液精度的对比；③残液吹与不吹时移液精度的对比；④放液方法（悬空与抵靠容器侧壁；抵靠容器侧壁时间不同）不同时移液精度的对比。

2）单道可调式移液器的移液训练　取一个干燥洁净的 50 ml 烧杯，置于电子分析天平的称量盘上，进行称重去皮。

取 20～200 μl、100～1000 μl 的单道可调式移液器各 1 支，按标准使用方法进行移液。每次准确移取最大刻度的纯水放入烧杯中进行称重并记录数值。

重复移取称量 3 次或 4 次，记录每次移入纯水的质量，操作的同时记录当时的室内温度。根据纯水的质量和在该温度下的相对密度值，计算每次移入纯水的实际体积，并进行误差计算。

若时间允许可作如下改变进行练习：①改变移液的体积数；②不同移液方式下的移液精度对比（A. 前进法；B. 倒退法；C. 重复移液法）。

容易出现的错误：①用来吸取高挥发腐蚀性液体；②旋转刻度旋钮时超过调节范围；③用敲击法紧固吸头；④带有液体的移液器平端或倒置；⑤吸液时过快，使液体被吸入活塞室；⑥移液结束后不调回至最大量程。

4　容量瓶的使用及定容训练

4.1　气密性检查

在容量瓶内装入半瓶水，塞紧瓶塞，用右手拇指、中指和无名指捏住瓶口，食指顶住瓶塞，另一只手五指托住容量瓶底，

问题：移液管或移液器能不能移取太热或太冷的溶液？

将其反转使瓶口朝下，观察瓶口与瓶塞间是否漏水。若不漏水，将瓶身正立并将瓶塞旋转 180° 后，再次反转检查是否漏水，若两次操作皆无漏水，即表明容量瓶气密性良好，可以使用。

4.2　容量瓶的定容训练

取洁净、气密性良好的 50 ml 容量瓶，加蒸馏水至容量瓶接近刻度 1 cm 左右时滴加一滴有色溶液；稍等 1~2 min 让瓶颈壁上的液体充分流下去，然后用胶头滴管滴加蒸馏水至刻度。

定容结束后塞紧瓶塞，用右手拇指、中指和无名指捏住瓶口，食指顶住瓶塞，另一只手五指托住容量瓶底，将容量瓶颠倒翻转多次，使溶液混合均匀。重复定容过程 3 次或 4 次，直至熟练。

注意：①定容时，要注意溶液凹液面的最低处与刻度线相切，眼睛视线与刻度线呈水平，不能俯视或仰视。②静置后如果发现液面低于刻度线，不要再往容量瓶内加水，否则所配制的溶液浓度降低。

5　综合训练

1）溶解　将称量好的 0.5 g NaCl 放入 50 ml 烧杯中，用移液管准确加入 10 ml 蒸馏水，用玻璃棒搅拌使之完全溶解。

2）转移　把溶解好的溶液移入 50 ml 容量瓶，容量瓶瓶口较细，为避免溶液洒出，又避免溶液在刻度线上面沿瓶壁流下，可用小玻璃漏斗引入（大体积容量瓶定容时，可用玻璃棒引流）。为保证溶质尽可能全部转移到容量瓶中，应该用蒸馏水洗涤烧杯和玻璃漏斗 2 次或 3 次，并将每次洗涤后的溶液都注入容量瓶中。

3）定容　加水至容量瓶体积 3/4 左右时，轻轻振荡容量瓶使溶液充分混合。加水到接近刻度 1 cm 左右时，稍等片刻，让壁上的液体流下去，然后用胶头滴管滴加蒸馏水至刻度。

定容时要注意溶液凹液面的最低处和刻度线相切，眼睛视线与刻度线呈水平，不能俯视或仰视，否则都会造成误差。

4）摇匀　定容结束后把容量瓶瓶塞塞紧，用右手拇指、中指和无名指捏住瓶口，食指顶住瓶塞，另一只手五指托住容量瓶底，把容量瓶颠倒翻转 2 次或 3 次，使溶液混合均匀。

5）移液　用可调式移液器准确吸取 1 ml NaCl 溶液，移入 10 ml 容量瓶中，加蒸馏水定容至刻度。

【应用实践】

刻度移液管的表示和"吹"与"不吹"

刻度移液管、刻度吸管常标有"快""A""B"或"吹"等符号。

"快"或者"B"表示液体放完继续等待 3 s 就可离开容器壁，此时转移的液体量就能达到目标体积。

"A"是与"B"相对的，这种刻度移液管精确度更高，液体放完后需要再等待 15 s 才能让刻度移液管离开容器壁，此时转移的液体量才能达到目标体积。

"吹"字表示的是放液结束时，需要用吸球把刻度移液管尖端的残液吹到承接容器里，才能达到目标体积。没有标"吹"字的不能将残液吹入承接容器。

实验二　基本实验技术训练（Ⅱ）

匀浆或研磨是把动植物组织样品进行打散并研磨成均匀的糊状物的过程，是细胞破碎的常用方法。**离心**是指利用转子高速旋转时产生的强大离心力，使悬浮颗粒发生沉降或漂浮，从而使样品分离、纯化或澄清的分离方法。

分光光度法：物质对光的选择性吸收是分光光度法的基础。分光光度法即通过测定待测物质在特定波长处的光吸收值对该物质进行定性和定量分析的方法。一般情况下需要先制作出标准曲线，以确定物质浓度与吸光度值之间的线性关系，然后根据回归方程计算出待测物质的浓度。

【实验目的】

（1）掌握研磨、匀浆、离心、比色的操作技术和注意事项。

（2）掌握离心机、分光光度计等的操作规程。

（3）掌握含量测定中标准曲线制作的原理、步骤及关键环节。

【实验仪器】

分光光度计、高速离心机、研钵、电动玻璃匀浆机、可调式移液器、电子天平。

【材料与试剂】

（1）样品：植物叶片。

（2）标准蛋白（BSA）溶液：准确称取 10 mg 牛血清白蛋白（BSA），溶于蒸馏水并定容到 100 ml，即为 100 μg/ml 的标准蛋白原液。

（3）考马斯亮蓝 G-250：称取 100 mg 考马斯亮蓝 G-250 溶于 50 ml 90% 乙醇中，加入 85% 浓磷酸 100 ml，用蒸馏水定容至 1000 ml。此溶液常温下可放置一个月。

【实验步骤】

1　研磨和匀浆

1.1　研钵的使用及注意事项

将研钵平放在不易滑动的实验台上，左手按压研钵的上沿，将研钵固定住；右手握紧研钵杵柄，保持垂直并适当向下用力，右上臂与身体贴紧，以肩部为力点；研钵杵贴在研钵内壁，在研钵内不停垂直画圆，依靠研钵杵和研钵内壁的摩擦将材料磨碎。

容易出现的问题：①研磨时只用研钵杵做搅拌状；②研磨时用研钵杵敲击捣碎样品；③研磨时样品溅出。

研钵使用注意事项：①硬度过大的材料不能研磨；②大块材料可以事先压碎再研磨；③研钵中盛放材料的量不得超过其容积的1/3；④研钵不能进行加热。

1.2　电动玻璃匀浆机的使用及注意事项

（1）选用相应的匀浆杯和匀浆杵头。务必确认杵头和匀浆杯是匹配的，在操作中太紧容易卡住，太松则影响匀浆效果。

（2）拧松电机下的固定螺丝，插入匀浆杵头，然后拧紧固定螺丝。

（3）将匀浆杯夹在固定夹上，调整固定夹的位置使匀浆杯对准杵头，底部落在底座上，不要悬空。如果需要冰浴匀浆，可在匀浆杯外放置冰水浴盒。

（4）把转速旋钮调至最小，打开电源开关。右手向下按压操作手柄使杵头进入匀浆杯，调整转速旋钮到所需的转速，开始匀浆。

（5）匀浆时左手扶握匀浆杯进行辅助，右手按压手柄使杵头向下运动至匀浆杯底部并稍用力下压，然后稍抬起再下压，如此反复至样品成糊状为止，操作要迅速。

操作中转速不要太高，也不要快速上提杵头以防样品溅出；也不要太用力下压以免损坏匀浆杯；不要长时间匀浆，否则杵头和匀浆杯摩擦会产热膨胀造成"抱死"。

（6）匀浆结束后，彻底清理杵头和匀浆杯，尤其是杵头沟槽内的残留物。用清水多次冲洗杵头和匀浆杯，最后用蒸馏水冲洗干净备用。

1.3　实验材料的匀浆训练

1）称量　取干燥洁净的50 ml烧杯（或培养皿）放在电子天平上进行称重去皮，用剪刀和镊子配合，准确称取1.0 g植物叶片。

问题：为什么实验用样品不能用手直接拿取？

2）研磨　将称量好的植物叶片剪成小块放入研钵或匀浆杯中。用量筒量取 10 ml 蒸馏水作研磨液。先将少量蒸馏水加入研钵中进行研磨，将叶片研磨成均匀的糊状；研磨中视情况添加蒸馏水。剩余的蒸馏水用来洗涤研钵和研钵杵或匀浆杯和杵头。

研磨时分别用研钵研磨法和电动玻璃匀浆机法重复操作 2 次或 3 次，直至熟练。

注意：①研磨用水不能过多，过多样品会漂浮；②研磨结束匀浆内不能有大的片状或块状残留物。

2　离心

2.1　离心机的使用
使用方法参见附录一指南一～五。

2.2　离心训练
1）转移　取 50 ml 离心管，将前一步所得的匀浆液全部转入离心管中；用少量蒸馏水冲洗研钵杵和研钵 3 次或 4 次，冲洗液一起转入离心管中。

问题：研磨液转移时，如果不冲洗研钵或匀浆管及杵头会对实验结果有什么影响？

2）配平　取小烧杯放在电子天平的称量盘上称量，去皮；将两支装好匀浆液的离心管分别放在小烧杯里进行称量，并记录数值，通过添加匀浆液（或石英砂）的方法使两支离心管（含溶液和离心管盖）的质量相等。

3）离心　按正确操作设定离心参数为：转速 8000 r/min 离心 5 min。将配平后的两支离心管对称放置在离心转子上，旋好转子盖，关闭离心舱盖，启动机器。

问题：离心管在使用时应注意哪些方面？

4）转移　离心结束后，逆向操作取出离心管。将离心管中的上清液移入 50 ml 容量瓶，用蒸馏水定容至 50 ml，此即为样品液。样品液要澄清、透明、无杂质，留待后续实验使用。

重复离心操作 2 次或 3 次，直至熟练。

注意：①取出离心管时不要摇荡以免摇起沉淀；②不要把沉淀倒入造成提取液浑浊；③离心管中也不要留有上清液，以免损失样品。

3　分光比色训练

3.1　比色皿的使用和清洗
比色皿使用时应注意以下方面。

（1）拿取比色皿时，只能用手指接触两侧的磨砂玻璃，避免接触透光面。透光面不能与硬物摩擦以免划伤。

（2）对玻璃有腐蚀性的溶液不得长期盛放在比色皿中，比色皿使用后应立即用水冲洗干净。

（3）比色皿不能超声、加热或烘烤。

（4）比色皿放入比色架时，应将透光面垂直置入光路（左右放置），不能偏斜，以保证入射光垂直透光面。

（5）比色的液体在倒入和倒出时应沿磨砂面或角隅处进行，避免溶液流出沾污透光面；溶液高度为比色皿高度的 2/3～3/4 即可，避免液体装得太满溢出污染比色皿支架。透光面如有残液污染可先用滤纸轻轻吸去，然后再用镜头纸擦拭。

（6）比色皿要配套使用。配套时可将所用的比色皿都注入蒸馏水，在特定波长上用光度计逐一进行测量。测量时将其中一只比色皿的透光率调至 100% 处，测量其他各皿的透光率，记录测定值和通光方向。透光率之差在 ±0.5% 的范围内可以配套使用。

比色皿调换方向后会有 4%～7% 的误差，在测量时要看准比色皿箭头标志。如无标志，配套后可按方向在毛玻璃上端做箭头标记，使用时注意标示的方向。

比色皿清洗时应注意以下方面。

（1）比色后倒掉比色溶液，装入清水，用手指按住两端用力摇晃，洗涤 3 次以上。先用自来水冲洗，再用蒸馏水清洗。比色皿用后要立即清洗，以免样品干结后难以清洗。

清洗后将比色皿倒扣在干净的滤纸上，吸干残留的蒸馏水，然后正置在收纳盒内自然干燥。洗好的比色杯应透明且没有水迹，也可用 95% 乙醇漂洗后用吹风机冷风吹干后使用。

（2）对于用清水难以洗净的污渍，可以先将比色皿浸入含有少量阴离子表面活性剂的 20 g/L 碳酸钠溶液中泡洗 10 min，经水冲洗后，再用 5∶1 的过氧化氢和硝酸混合溶液浸泡 0.5 h。

对于难以清洗的污物也可在通风橱中用盐酸、水和甲醇 (1∶3∶4) 混合溶液泡洗，一般不超过 10 min。对于有色物质污染的比色皿，可用 1∶1 的 3 mol/L 盐酸和乙醇浸泡清洗。

经前面方法洗涤过的比色皿再用自来水、蒸馏水充分洗净。

（3）比色皿不宜用铬酸洗液洗涤，残存的微量铬在紫外区会有光吸收，会影响测定结果。也不宜使用洗洁精、稀酸浸泡清洗，更不能用硬布、毛刷刷洗。

3.2 分光光度计的使用

分光光度计的使用方法参见附录一指南六和七。

比色时经常出现的问题：①开机干扰；②测量模式不为

"A"模式（吸光度模式）；③推拉杆挡位不到位；④标准曲线的最大吸光度值超过 1.0。

3.3 比色训练

问题：如何操作才能得到可用的标准曲线？应该注意哪些问题？

1）标准曲线的制作训练　取 6 支干燥洁净试管，按表 2-1 准确加入各溶液并混合均匀，配制成系列标准蛋白溶液；放置 2 min 后，在 595 nm 波长处以 0 号管调零，测定其他各管吸光度值（A_{595}）。将数据输入 EXCEL 表格中，以蛋白质浓度为横坐标，相应的吸光度值为纵坐标做出标准曲线，并将回归方程及 R^2 标示出。回归方程中 R^2 不低于 0.99 的标准曲线方可使用。

表 2-1　蛋白质标准曲线加样表　　　　　（单位：ml）

试管编号	0	1	2	3	4	5
标准蛋白溶液	—	0.2	0.4	0.6	0.8	1.0
蒸馏水	1.0	0.8	0.6	0.4	0.2	—
考马斯亮蓝 G-250 溶液	4.0	4.0	4.0	4.0	4.0	4.0

问题：如果样品吸光度值不在标准曲线的数据范围内，该曲线是否可用？应该如何处理？

2）蛋白样品的测定训练　取 1.0 ml 离心后的样品液，定容至 10 ml 即为待测样品液。取 4 支干燥洁净试管，按表 2-2 加样，放置 2 min 后，在 595 nm 波长处以 0 号管调零，测定其他各管吸光度值（A_{595}）。利用测得的样品吸光度值和回归方程计算样品中的蛋白质浓度。

重复该操作 2 次或 3 次。

问题：样品测定时设置 3 个平行管，预期结果是怎样的？数据与预期结果不符时如何处理？

表 2-2　样品中蛋白质含量的测定加样表　　　　　（单位：ml）

试管编号	0	1	2	3
待测样品液	—	1.0	1.0	1.0
蒸馏水	1.0			
考马斯亮蓝 G-250 溶液	4.0	4.0	4.0	4.0

【应用实践】

比色皿的种类及其适用性

常用的比色皿多为 12.4 mm × 12.4 mm × 45 mm 的长方体，光程为 10 mm，容量为 3.5 ml，其底部及两侧为磨砂玻璃，另两面为光学玻璃制成的透光面黏结而成。按透光面玻璃的成分将比色皿分为以下 3 种。

普通玻璃比色皿：其适用波长为 350～1000 nm，用于可见光波长范围的比色测量。

紫外石英玻璃比色皿：其适用波长为 200～1000 nm，用于紫外波长范围的比色测量。

红外石英玻璃比色皿：其适用波长为 260～3500 nm，多用于红外-远红外波长范围的比色测量。

实验三　薄层层析法分离鉴定氨基酸

　　薄层层析（thin layer chromatograph，TLC）是根据混合物中各组分的溶解度、极性、电荷和分子量等理化性质的差异进行组分分离和鉴定的实验方法。该法具有操作简便、快速、灵敏、分离效果好、显色容易等优点，被广泛应用于氨基酸、多肽、核苷酸、脂类、生物碱等物质的分离和鉴定。

【实验目的】

　　（1）掌握硅胶 G 薄层层析的基本技术和操作要点。

　　（2）掌握层析技术的一般原理及其应用。

　　（3）能够判断出未知混合液中包含的氨基酸种类。

【实验原理】

　　薄层层析是将固相支持物均匀铺在玻璃板上使之成为薄层，将待分析样品点到薄层板的一端，然后将点样端浸入适宜的扩剂中，在密闭的层析缸中展层。由于各种氨基酸理化性质(分子极性、分子大小和形状、分子亲和力等)不同，其在吸附剂表面的吸附能力各异。因此当展层剂在薄层板上移动时，不同组分就以不同的速度随之移动，使不同的氨基酸得以分离。

1　层析的基本概念

　　（1）层析（chromatography）又称为色谱，指利用混合物中各组分因溶解度、吸附能力、电荷和分子量等物理性质及生物学特性的差异，导致在固定相和移动相之间的分配系数不同，将各组分分离的实验方法。层析技术是最基本的分离和分析技术之一。

　　（2）固定相（stationary phase）指层析中的支持物或基质，它可以是吸附剂、凝胶颗粒、离子交换剂等固体，也可以是固定基质中的溶液，它与待分离的化合物发生可逆的吸附、溶解和交换等作用。

　　（3）流动相（mobile phase）指层析过程中推动固定相上待分离的物质移动的液体、气体或超临界体等。柱层析中一般称为洗脱剂，薄层层析时称为展层剂。它也是层析分离中的重要影响因素之一。

　　（4）分配系数（distribution coefficient）指在一定的条件下某种组分在固定相和流动相中平均浓度的比值，常用 K 来表示。分配系数由溶质分子大小、电荷、极性等决定。

　　（5）比移值（retention factor）指在一定条件下，在相同的时间内某一组分在固定相上移动的距离与流动相本身移动的距离之比值，常用 R_f 来表示。

2　层析的分类

（1）根据固定相的基质分类，分为纸层析、薄层层析和柱层析。纸层析是指以滤纸作为基质的层析。薄层层析是将基质在玻璃等光滑表面铺成一薄层，在薄层上进行层析。柱层析则是指将基质填装在管中呈柱形进行层析。

（2）根据流动相的形式分类，分为液相色谱和气相色谱。液相色谱的流动相为液体，气相色谱的流动相为气体。气相层析测定样品时需要气化，主要用于氨基酸、寡核苷酸、寡糖、脂肪酸等小分子的分析鉴定。液相色谱是常用的层析形式，适用于各种生物样品的分析、分离和制备。

（3）根据分离的原理不同分类，分为吸附层析、分配层析、凝胶过滤层析、离子交换层析和亲和层析等。

3　常用的层析技术

（1）离子交换层析（ion exchange chromatography，IEC）是以离子交换剂为固定相，根据流动相中组分离子与交换剂上的平衡离子进行可逆交换时结合力大小的差别而进行分离的一种层析方法。离子交换层析主要包括装柱、平衡、上样、洗脱、分部收集、再生等过程。

以纤维素（cellulose）、葡聚糖（sephadex）、琼脂糖（sepharose）为基质的离子交换剂都与水有较强的亲和力，适合于分离蛋白质、多糖等大分子物质。其中纤维素型离子交换剂以 DEAE-纤维素（二乙基氨基纤维素）和 CM-纤维素（羧甲基纤维素）最常用。葡聚糖离子交换剂一般以 Sephadex G-25 和 G-50 为基质，琼脂糖离子交换剂一般以 Sepharose CL-6B 为基质。

（2）凝胶层析（gel filtration）又称为凝胶排阻层析（gel exclusion chromatography）、分子筛层析（molecular sieve chromatography）、凝胶过滤（gel filtration）、凝胶渗透层析（gel permeation chromatography）等。凝胶层析依据分子大小这一物理性质进行分离纯化。凝胶层析的固定相是惰性的珠状凝胶颗粒，颗粒内部具有立体网状结构，形成很多孔穴。当分子大小不同的组分样品进入凝胶层析柱后，各个组分就向固定相的孔穴内扩散。其中比凝胶孔径大的分子不能扩散到孔穴内部，完全被排阻在孔外，只能在凝胶颗粒外的空间随流动相向下流动，它们经历的流程短，流动速度快，所以首先流出。而较小的分子则可以完全渗透进入凝胶颗粒内部，经历的流程长，流动速度慢，所以最后流出。而大小介于二者之间的分子在流动中部分渗透，渗透的程度取决于它们分子的大小。

（3）亲和层析（affinity chromatography）是利用生物分子间专一的亲和力而进行分离的一种层析技术。蛋白质、酶等生物大分子能和某些相对应的分子专一而可逆地结合，可以用于生物分子的分离纯化。亲和层析是分离纯化蛋白质、酶等生物大分子最为特异、最有效的层析技术，分离过程简单而快速，具有很高的分辨率，在生物分子分离纯化中具有广泛的应用。

【实验仪器】

层析缸或 250 ml 烧杯、电吹风机、分液漏斗、恒温电热烘干箱、封口膜（5 cm×5 cm）。

【材料与试剂】

（1）硅胶板（10 cm×5 cm）。

（2）氨基酸溶液：0.5% 脯氨酸、0.5% 缬氨酸、0.5% 丙氨酸、0.5% 亮氨酸溶液以及未知氨基酸混合溶液。

（3）扩展剂：正丁醇（含 0.05% 茚三酮）：冰醋酸：蒸馏水按 4∶2∶1 的比例混合，配制 14 ml。

【实验步骤】

1　硅胶板的活化

将硅胶板置于恒温电热烘干箱内，105℃加热活化 30 min。待温度下降至不烫手时取出冷却至室温待用。

问题：硅胶板使用前为什么要活化？怎样进行活化？

2　点样

在活化后的硅胶板距底边 1～2 cm 处用铅笔画一条水平线作为"点样线"，在线上均匀确定 5 个点（两外侧的点距离硅胶板侧边 0.5 cm）分别做好标记，即为各样品的"原点"。

注意：在硅胶板上做标记时不要划破硅胶层，以免影响层析效果。

用不同的点样毛细管分别蘸取对应的氨基酸溶液，在做好的"原点"上进行点样。点样时毛细管口快速轻触硅胶层表面，每次点样后样品斑点扩散直径不宜超过 3 mm，室温晾干后可以再点一次。

注意：点样毛细管专管专用，不要混样，注意记录点样顺序。

问题：点样后样品斑点扩散直径过大，结果会怎样？

3　展层

按 4∶2∶1 比例将正丁醇、冰醋酸和蒸馏水加入分液漏斗中并充分振荡，然后将分液漏斗置于铁架台上静止。如混合液出现分层，可将下层水层放出，留下的上层即为所需扩展剂。

按扩展剂的配制要求，将正丁醇、冰醋酸和蒸馏水加入层析缸或层析用的烧杯中并摇匀，加盖待用。

将硅胶板点样一端水平浸入扩展剂，扩展剂液面应低于点样线。盖好层析缸（或用封口膜封好烧杯口），开始展层。当展层剂扩展至离薄层板顶端 2 cm 左右时，停止展层，取出硅胶

问题：展层剂中正丁醇、冰醋酸和蒸馏水的作用分别是什么？

板，用铅笔和直尺描出溶剂前沿界线。

注意：展层开始后要避免展层剂液面的晃动，以免影响展层。

4　显色

问题：各斑点（氨基酸）呈色的原因是什么？

将硅胶板置于85℃的电热恒温烘干箱中烘烤至各层析斑点显色。

注意：烘烤时不要密封电热恒温烘干箱的密封门，以防醇蒸气爆炸。

【结果计算】

问题：影响 R_f 值的因素有哪些？

首先确定各显色斑点的中心，然后准确量出原点至溶剂前沿的距离（H），以及原点至各显色斑点中心的距离（h）并记录，计算出它们的 R_f 值。

$$R_f = \frac{h}{H}$$

式中，h 为样品原点到斑点中心的距离；H 为样品原点到溶剂前沿的距离。

根据 R_f 值鉴定出混合样品中氨基酸的种类，拍照或在报告册上绘出层析图谱。

【应用实践】

丹磺酰化法分析蛋白质 N 端氨基酸实验

蛋白质的 α-氨基与丹磺酰氯(DNS-Cl，一种荧光物质)反应，生成 DNS-蛋白质，经水解可生成 DNS-氨基酸。通过聚酰胺薄膜层析分析 DNS-氨基酸，在 254 nm 或 265 nm 紫外光下呈现黄绿色荧光，可确定蛋白质的 N 端氨基酸。

【拓展阅读】

荣辉，林祥志，王龙梅，2014. 坛紫菜游离氨基酸的检测分析及一种未知成分的结构鉴定. 食品与生物技术学报，33(2): 189-196

王新新，刘芳，王道营，等，2014. 冷藏兔肉中嗜冷菌的分离鉴定及其产生物胺的特性分析. 食品科学，35(19): 128-132

朱城波，吴小妹，冯丽霞，等，2018. 直读显色快速检测绿茶中的茶氨酸. 茶叶科学，38(3): 244-252

实验四　蒽酮比色法测定植物材料中水溶性糖含量

> 比色法是测定物质含量最常用的方法，具有灵敏度高、准确、快速、简便等优点，广泛应用于物质含量的测定。其基本原理是 Lambert-Beer 定律。
>
> 糖含量测定方法有多种，主要根据糖的化学性质进行快速鉴定和含量测定，包括苯酚硫酸法、蒽酮法、3,5-二硝基水杨酸法等。

【实验目的】

（1）掌握比色法测定物质含量的原理和方法。

（2）掌握蒽酮比色法的原理、方法和关键步骤。

（3）掌握离心机、电子天平、分光光度计的使用规范。

【实验原理】

糖在浓硫酸作用下脱水生成的糠醛或羟甲基糠醛能与蒽酮缩合成蓝绿色化合物，在 620 nm 波长下有最大吸收峰。在 0～100 mg/L 浓度范围内其颜色深浅与糖的含量成正比，因此可用比色法进行糖的定量测定。本法几乎可测定所有的糖类，包括各种单糖、寡糖和多糖等，具有灵敏度高、简便快捷、适用于微量样品测定的优点，是糖类物质定性鉴定和定量测定的常用方法。

1　物质吸收特定波长的光

光的本质是一种电磁波，传播过程呈波动性质，具有波长和频率的特征。不同波长的光具有不同的能量，光子的能量 E 与光的波长成反比，与其频率 v 成正比（$E=hv$，h 是普朗克常数）。光的波长用纳米（nm）表示，频率用赫兹（Hz）表示。将电磁波按照波长顺序排列，分别是 γ 射线、X 射线、紫外线、可见光、红外线和无线电用电磁波。人的肉眼可见的光线称可见光，波长为 400～760 nm，波长 10～400 nm 为紫外光区，波长 760 nm～1000 μm 为红外光区。其中可见光区的电磁波，因波长不同而呈现不同的颜色，这些不同颜色的电磁波称单色光。太阳及钨丝灯发出的白光，是各种单色光的混合光，利用棱镜可将白光分成按波长顺序排列的各种单色光，即红、橙、黄、绿、青、蓝、紫等。

光谱是光的频率特征和强度分布的关系图。按照波长区域不同，光谱分为红外光谱、可见光谱和紫外光谱；按照产生的方式不同，分为发射光谱、吸收光谱和散射光谱。利用物质的发射光谱、吸收光谱和散射光谱对物质进行定性、定量和结构分析的技术就是光谱分析技术，或称光谱技术。

不同物质的分子结构不同，对不同波长光线的吸收能力也不同。因此每种物质都具有其特异的吸收光谱，其吸收光谱中的最大吸收峰（λ_{max}）是该化合物中电子能级跃迁时吸收的特征波长，对于鉴定化合物非常重要。例如，蛋白质分子的最大吸收峰在 280 nm，核酸分子的最大吸收峰在 260 nm，糖类物质的最大吸收峰一般在 210 nm。而且在一定范围内某物质对特定波长的光的吸收程度与该物质浓度成正比。这种利用紫外光、可见光和红外光等测定物质的吸收光谱，从而对物质进行定性、定量和结构分析的方法称为分光光度法或分光光度技术。其具有灵敏度高、测定速度快、应用范围广等优点，是生物化学研究必不可少的方法之一。

2　分光光度法的原理

物质对光的选择性吸收是分光光度法的基础，其理论依据是 Lambert-Beer 定律，又称为光吸收定律，即 $A = -\lg T = kCL$，其中 A 为吸光度（absorbance）；T 为透光度，是透射光强度与入射光强度的比值；k 为摩尔吸光系数，表示物质对光吸收的能力，其值因物质种类和光的波长而异；C 为溶液浓度（concentration）；L 为样品光程，通常为 1 cm。对于相同物质和相同波长的单色光来说，摩尔吸光系数和光程不变，该溶液的吸光度与溶液浓度成正比。比色时参比的空白对照组样品一般来说颜色是最浅的，设定其透光度为 100%，则其吸光度值为零。

3　标准曲线的制作

利用溶液颜色的深浅变化测定物质含量的方法称比色分析法。一般情况下需要先制作标准曲线，其目的是明确物质的浓度与吸光度值之间的对应关系。例如，糖含量测定时，先配制一系列已知浓度的葡萄糖溶液，然后借助分光光度计来测量这一系列标准溶液的吸光度，根据测定得到的吸光度，以物质的浓度为横坐标、以吸光度值为纵坐标，在坐标纸上或 EXCEL 中绘制出标准曲线。在一定范围内溶液颜色深浅与物质的浓度成正比。如果物质浓度增加 1 倍，吸光度值也增加 1 倍，呈现良好的线性关系，则相关系数 R^2 接近于 1。一般认为 R^2 大于 0.99 时，标准曲线才能够反映出物质的浓度与吸光度值之间的线性对应关系，方可使用。

4　待测样品浓度计算

吸光度值的大小通常与反应时间、反应温度密切相关，因此原则上样品吸光度的测定应该与标准曲线制作同时进行，通过样品的吸光度值在标准曲线上查得或代入公式计算得出待测样品的浓度。在一定范围内，吸光度值与浓度之间存在良好的线性关系，因此若测得样品的吸光度值太高，需要将样品稀释后再测定；若测得样品的吸光度值太低，需要将样品浓缩后再进行测定。另外，用已知浓度的标准液和未知浓度的待测液进行比色分析也可以得出待测液的浓度。例如，根据光吸收定律 $A = kCL$，由于是同一类物质，其 k 值和 L 值均相同，所以可得出 $A_样 / A_标 = C_样 / C_标$，得出样品的浓度 $C_样 = A_样 / A_标 \times C_标$，式中 $C_样 =$ 标准溶液浓度，$A_标 =$ 标准溶液吸光度。在酶活性测定时人们经常采用这种方法。

5　EXCEL 表格绘制标准曲线

（1）首先向 EXCEL 中输入标准物质的浓度和对应的吸光度值。

（2）选中数据后，插入—图表—XY 散点图。

（3）插入表格后，右键单击数据点，添加趋势线。

（4）右键单击数据点，添加趋势线格式，勾选"显示公式"和"显示 R 平方值"。

（5）R^2 大于 0.99 的曲线可用，根据公式即可计算出待测样品的浓度。

6　注意事项

（1）比色皿的装液量在 2/3～3/4，以免溢出污染比色皿支架或仪器面板。

（2）不同厂家、不同批次的比色皿有差异，使用前应确保使用的比色皿吸光度值的差距在 0.01 之内。

（3）比色皿应洁净，手指避免接触比色皿的透光面。

（4）测试溶液应澄清，没有沉淀或漂浮物，以免影响测定结果。

7　分光光度计的结构

1）光源　光源要求具备发光强度高、稳定、光谱范围宽和使用寿命长等特点。分光光度计上常用的光源有钨灯和氢灯（或氘灯）。前者适用于 340～990 nm 的光源，后者适用于 200～360 nm 的紫外光区，为使发出的光线稳定，光源需要由稳压电源供给。

2）单色器　单色器是将混合光波分解为单一波长光的装置，多用棱镜或光栅作为色散元件。它们能在较宽光谱范围内分离出相对纯波长的光线。单色光的波长范围越窄，仪器的敏感性越高，测量的结果越可靠。

3）狭缝　狭缝是由一对隔板在光通路上形成的缝隙，通过调节缝隙的大小可以调节入射单色光的强度，并使入射光形成平行光线，以适应检测器的需要。分光光度计的缝隙的大小是可以调节的。

4）比色皿（或称比色杯）　一般由玻璃或石英制成。在可见光范围内测量时，选用光学玻璃比色皿；在紫外光范围内测量时，使用石英比色皿。比色皿上的指纹、油污或沉淀物影响透光效果，因此测定时务必保持比色杯的清洁。

5）检测系统　主要由受光器和测量器两部分组成，常用的受光器有光电池、真空管或光电倍增管等。它们可将接收到的光能转变为电能，并应用高灵敏度放大装置，将弱电流放大，提高敏感度。通过测量所产生的电能，由电流计显示出电流的大小，在仪表上可直接读得 A 值和 T 值。较高级的现代仪器，还常附有电子计算机及自动记录仪，可自动给出吸收曲线。

【实验仪器】

可见分光光度计、离心机、电子分析天平、可调式移液器或移液管、恒温电热套、制冰机、漩涡振荡器。

【材料与试剂】

（1）马铃薯干粉：将马铃薯切成薄片，100℃杀青 30 min，80℃烘干至恒重，粉碎成 40 目粉末。

（2）标准葡萄糖溶液（0.1 mg/ml）：称取干燥至恒重的 100 mg 葡萄糖溶解到蒸馏水中，定容到 1000 ml。

（3）蒽酮试剂：称取蒽酮 2 g 用 80% H_2SO_4 溶解，并定容到 1000 ml，当日使用。

【实验步骤】

问题：H₂SO₄ 的作用是什么？

1　标准曲线制作

取 7 支干燥洁净的具塞试管，按表 4-1 加入蒸馏水和标准葡萄糖溶液并摇匀，在各管中准确加入蒽酮试剂 4.0 ml，充分摇匀后置于冰水浴中降温 2～3 min；将 7 支试管同时放入沸水浴中保温 10 min（注意：小心不要被沸水烫伤），取出后流水冷却。于 620 nm 处以 0 号管调零，测定并记录各管溶液的吸光度值。

注意：试管一定要洁净和干燥；蒽酮试剂具有强腐蚀性，应注意安全；蒽酮试剂加入后应充分摇匀。

问题：如何才能做到准确加液？

表 4-1　葡萄糖标准曲线加样表　　　（单位：ml）

试管编号	0	1	2	3	4	5	6
标准葡萄糖溶液	0	0.1	0.2	0.3	0.4	0.6	0.8
蒸馏水	1.0	0.9	0.8	0.7	0.6	0.4	0.2
蒽酮试剂	各管加入蒽酮试剂 4.0 ml，摇匀后迅速置入冰水浴中降温						

问题：怎样操作才能做出 $R^2 \geq 0.99$ 的标准曲线？

以各管中葡萄糖浓度为横坐标，相应的吸光度值为纵坐标，在 EXCEL 表格中做出标准曲线，并标示出回归方程及 R^2。回归方程中 R^2 不低于 0.99 的标准曲线方可使用。

2　样品的测定

2.1　样品的制作

精确称取马铃薯干粉 0.1 g 置于锥形瓶中，加入 30 ml 沸水，沸水浴 15 min，其间不时摇动。取出锥形瓶后（注意：小心不要被沸水烫伤），将马铃薯粉浆转移至离心管中，6000 r/min 离心 5 min；将上清液移出，沉淀用热水充分振荡并离心，重复 2 次或 3 次，将所有上清液合并，定容到 50 ml 即为样品液。吸取 1 ml 样品液，定容到 10 ml，即为待测样液。

2.2　样品的测定

取 4 支干燥洁净的具塞试管，按表 4-2 加样操作。

问题：样品测定时为什么设置平行管？

表 4-2　样品中水溶性糖含量测定加样表　　（单位：ml）

试管编号	0	1	2	3
待测样液	—	1.0	1.0	1.0
蒸馏水	1.0	—	—	—
蒽酮试剂	各管加入蒽酮试剂 4.0 ml，摇匀后迅速置入冰水浴中降温			

按顺序加入后充分混匀；准确沸水浴 10 min，取出流水冷却。以 0 号管调零，测定 1、3 号管溶液的吸光度值。取 1、2、3 号管的平均值，根据回归方程计算样品中可溶性糖的浓度。

【结果计算】

计算水溶性糖在马铃薯干粉中所占的质量分数（%）。

$$W = \frac{C_S \times V \times n}{M} \times 100\%$$

式中，W 为糖的质量分数（%）；C_S 为测定样液中水溶性糖的浓度（mg/ml）；V 为样液定容的体积（ml）；n 为样液稀释倍数；M 为样品的质量（mg）。

【应用实践】

可溶性糖含量测定实验

糖类是构成植物体的重要结构成分，也是新陈代谢的主要原料和储存物质。可溶性糖包括葡萄糖、果糖、蔗糖等，是植物果实品质的重要构成性状之一。不同品种、不同的栽培条件或不同的成熟度均可影响可溶性糖的含量。因此，该指标的检测对于水果、蔬菜的品质育种具有重要意义。同时可溶性糖含量的增加有利于植物抵抗干旱、低温等逆境条件，提高抵抗性和适应力。

【拓展阅读】

李婧，肖秋生，申济源，等，2018. 荔枝花蜜分泌规律及可溶性糖组分和含量的分析. 热带亚热带植物学报，26(5): 490-496

宋俏姐，孔亮亮，刘俊峰，等，2018. 浸渍提取温度对鲜食玉米可溶性糖含量的影响. 食品工业，7: 116-119

钟海霞，潘明启，张付春，等，2018. 不同砧木对克瑞森葡萄果实可溶性糖含量的影响. 新疆农业科学，55(9): 1633-1638

【仪器使用】

1　天平

操作程序：选择合适量程的天平—检查水平—开机并自检—选择合适的盛器—去皮—称量—关机。

注意事项：不要超过天平的量程；选择合适的盛器（称量纸、小烧杯等）；保持清洁。

2　离心机

操作程序：选择合适的离心机—检查并更换转子—预设参数—放入样品—启动—结束—取出样品。

注意事项：装液不超过离心管的 2/3；两两配平且对称放置；离心后轻拿防止沉淀悬起；顺茬转移。

3 分光光度计

操作程序：开机自检—预热 15 min—设定波长—放入比色皿—调零—MODE 键选择模式（读吸光度值 A）—测定。

注意事项：测试波长在 300 nm 以下时应使用石英比色皿；比色皿要洁净而且各空白皿的测量值应一致；调零后测量同一组数据无须再重新设置波长；注意拉杆挡位，使比色皿处于光路中。

实验五 酶 的 特 性

酶（enzyme）是生物体细胞产生的、在体内和体外均能发挥作用的生物催化剂。除了具有一般催化剂的共性之外，还具有高效性、专一性、敏感性和活性可以调控等特性。

影响酶发挥作用的因素有很多，如底物浓度、反应温度、反应液 pH、某些小分子物质（如激活剂或抑制剂）等。唾液腺分泌的淀粉酶属于 α-淀粉酶，能够催化随机水解 α-1, 4-糖苷键，生成糊精、寡糖及单糖等水解产物。

【实验目的】

（1）掌握温度、pH、激活剂和抑制剂对酶活性的影响。

（2）掌握淀粉酶活力的鉴定方法。

（3）掌握还原性糖的鉴定方法。

【实验原理】

酶是生物催化剂，其催化作用受温度、缓冲液 pH 及某些离子的影响。根据离子对酶活性的影响可分为活化剂或抑制剂。酶与其他催化剂的区别在于其高度的专一性，一种酶只能对一种或一类底物起催化作用。本实验以不同温度、不同 pH 和不同离子对唾液淀粉酶活性的影响来验证反应条件对酶活力的影响；以唾液淀粉酶和蔗糖酶对淀粉及蔗糖的作用为例来说明酶的专一性。

淀粉被唾液淀粉酶水解，生成糊精、寡糖及单糖等，酶活性越强，水解越充分，生成具有还原性的单糖越多。淀粉具有遇碘呈蓝色的特性，其颜色深浅与糖链长度有关。大于 60 个葡萄糖基的直链淀粉呈蓝色，20 个左右的葡萄糖基时呈红色，当链长少于 6 个葡萄糖基时，糖链不能形成螺旋圈，因此不能呈色。长度为 20～30 个葡萄糖基的分支糖链与碘反应呈现紫红色。总体来说，随着淀粉的水解，其与碘呈现出蓝色、紫色、紫红色、红色，甚至无色的变化。因此可以根据溶液颜色来判断淀粉酶的活力，颜色越浅，酶活性就越强。

淀粉和蔗糖无还原性，淀粉被淀粉酶水解后可生成具有还原性的葡萄糖，但淀粉酶不能催化蔗糖的水解。同理，蔗糖酶能催化蔗糖水解产生果糖和葡萄糖，但蔗糖酶不能水解淀粉。Benedict 试剂可以用于鉴定还原性糖。Benedict 试剂中的 Cu^{2+} 可被麦芽糖、葡萄糖的半缩醛基还原成砖红色的 Cu_2O，因此可以根据 Benedict 试剂与两种酶水解产物是否呈阳性反应来验证酶的专一性。

【实验仪器】

恒温水浴锅、pH 计、制冰机、恒温箱、离心机、恒温电热套、漩涡振荡器。

【材料与试剂】

（1）稀释唾液：收集唾液，用蒸馏水稀释 10 倍混匀后备用。

（2）0.5% 淀粉–0.3% NaCl 溶液：称取 0.5 g 可溶性淀粉放入烧杯中，再加入 100 ml 0.3% NaCl 溶液并煮沸 2～3 min，用蒸馏水补足体积，放置在 4℃ 的冰箱中以免变质。

（3）0.1% 淀粉溶液：称取 0.1 g 可溶性淀粉放入烧杯中，再加入 100 ml 蒸馏水并煮沸 2～3 min，用蒸馏水补足体积，放置在 4℃ 的冰箱中以免变质。

（4）0.2 mol/L Na_2HPO_4 溶液：称取 14.2 g Na_2HPO_4，用蒸馏水溶解并定容到 1000 ml。

（5）0.1 mol/L 柠檬酸溶液：称取 21.0 g 柠檬酸，用蒸馏水溶解并定容到 1000 ml。

（6）2% 蔗糖溶液：称取 2.0 g 蔗糖，溶于 100 ml 蒸馏水中。

（7）1% NaCl 溶液：称取 1.0 g NaCl，溶于 100 ml 蒸馏水中。

（8）1% $CuSO_4$ 溶液：称取 1.0 g $CuSO_4$，溶于 100 ml 蒸馏水中。

（9）1% Na_2SO_4 溶液：称取 1.0 g Na_2SO_4，溶于 100 ml 蒸馏水中。

（10）KI-I_2 溶液：将 2 g KI 及 1 g I_2 溶于 100 ml 水中，使用前再稀释 5 倍。

（11）粗制蔗糖酶溶液：取 10 g 活性酵母加入 500 ml 2% 的蔗糖溶液中搅匀，在 27℃ 的恒温箱中发酵 5 h，离心保留沉淀；用蒸馏水洗涤沉淀并离心，去掉残留的蔗糖。用 200 ml 蒸馏水悬浮沉淀，在冰水浴条件下超声破壁 15 min 后离心，上清液即为粗制蔗糖酶。装瓶保存在冰箱中备用，使用时稀释 3～5 倍。

（12）Benedict 试剂：称取 $CuSO_4 \cdot 5H_2O$ 17.3 g 溶于 150 ml 热蒸馏水中。另称取柠檬酸钠 173 g 和无水 Na_2CO_3 100 g 加水 600 ml，加热溶解，冷却后稀释至 850 ml。将两种溶液混匀后即成。

【实验步骤】

1 唾液稀释倍数的确定

取 5 支干燥洁净的试管，编号后按表 5-1 加入各种试剂，迅速摇匀；将各管立即放入 37℃ 恒温水浴锅中保温 10 min。

表 5-1 唾液稀释倍数加样表　　　　（单位：ml）

试管编号	1	2	3	4	5
0.5% 淀粉 – 0.3% NaCl 溶液	1.0	1.0	1.0	1.0	1.0
稀释唾液（10 倍）	2.0	1.0	0.7	0.5	0.4
蒸馏水	0	1.0	1.3	1.5	1.6
稀释倍数	10	20	29	40	50

取出后立即滴加 KI-I$_2$ 液 2 滴或 3 滴,观察各管的颜色。

唾液淀粉酶的活力具有个体差异性,根据各试管颜色变化来确定各自的唾液稀释倍数。一般呈现紫色时对应试管的稀释倍数较为合适。

2 温度对酶活力的影响

取 3 支干燥洁净的试管,编号后按表 5-2 加入各种试剂,迅速摇匀;将 1 号试管立即放入 37℃恒温水浴锅中保温,2 号试管立即插入冰–盐混合物中冰浴,3 号试管立即放入 80℃恒温水浴锅中保温。

表 5-2　温度对酶活力的影响加样表　　　　　　（单位:ml）

试管编号	1	2	3
0.5% 淀粉 – 0.3% NaCl 溶液	1.0	1.0	1.0
稀释唾液	2.0	2.0	2.0

问题:欲得到良好实验结果,在滴加 KI-I$_2$ 显色时应注意哪些问题?

1、3 号试管保温 10 min 后取出,立即滴加 KI-I$_2$ 液 2 滴或 3 滴。2 号管冰浴 10 min 后取出流水解冻,呈冰水混合状态时,倒出液体部分,立即滴加 KI-I$_2$ 液 1 滴或 2 滴;剩余的一半冰冻的溶液立即放入 37℃水浴中保温 10 min,取出后立即滴加 KI-I$_2$ 液 1 滴或 2 滴。操作时,观察并记录各管的颜色变化并解释结果。

3 pH 对酶活力的影响

3.1 配制缓冲溶液

取 4 个 25 ml 锥形瓶进行编号,按表 5-3 加样,制备 pH 在 5~8 的 4 种缓冲液。

表 5-3　4 种不同 pH 缓冲液配制加样表　　　　　　（单位:ml）

锥形瓶编号	0.2 mol/L Na$_2$HPO$_4$	0.1 mol/L 柠檬酸	pH
1	5.1	4.9	5.0
2	6.0	4.0	5.8
3	7.7	2.3	6.8
4	9.7	0.3	8.0

3.2　最适 pH 的检测

取 4 支干燥洁净试管，按表 5-4 顺序加样并混匀，向各试管中加入稀释唾液的时间间隔为 1 min，并依次置于 37℃恒温水浴锅中保温。

问题：为什么要以第 3 管做标准来确定水浴的时间？

表 5-4　pH 对唾液淀粉酶活性的影响加样表　　（单位：ml）

试管编号	1	2	3	4
0.5% 淀粉 – 0.3% NaCl 溶液	0.5	0.5	0.5	0.5
pH 5.0 缓冲液	3.0	—	—	—
pH 5.8 缓冲液	—	3.0	—	—
pH 6.8 缓冲液	—	—	3.0	—
pH 8.0 缓冲液	—	—	—	3.0
稀释唾液	3.0	3.0	3.0	3.0

待向第 4 管加入唾液保温后，每隔 1 min 从第 3 管中取出一滴混合液置于白瓷板上，加 1 小滴 KI-I$_2$ 溶液检验淀粉的水解程度。

待混合液变为淡紫色后，从第 1 管开始，逐管加入 2～3 滴 KI-I$_2$ 溶液，每管间隔时间也为 1 min。观察并记录各试管溶液颜色的变化，分析 pH 对唾液淀粉酶活性的影响。

4　唾液淀粉酶的活化及抑制

取洁净试管 4 支，按表 5-5 顺序加样操作，在 37℃恒温水浴锅中保温 10 min，然后各管各滴加 2 滴或 3 滴 KI-I$_2$ 溶液，观察并记录各管溶液颜色的变化，分析无机盐对唾液淀粉酶活性的影响。

问题：实验中设置 Na$_2$SO$_4$ 试管的目的是什么？

问题：本实验利用溶液颜色变化定性判断酶活力强弱。如何定量测定唾液淀粉酶的活力？

表 5-5　唾液淀粉酶活化及抑制加样表　　（单位：ml）

试管编号	1	2	3	4
1% NaCl 溶液	0.5	—	—	—
1% CuSO$_4$ 溶液	—	0.5	—	—
1% Na$_2$SO$_4$ 溶液	—	—	0.5	—
0.1% 淀粉溶液	1.5	1.5	1.5	1.5
蒸馏水	—	—	—	0.5
稀释唾液	2.0	2.0	2.0	2.0

5 酶的专一性鉴定

取 6 支干燥洁净的试管，按表 5-6 加样操作，记录各管中的现象并进行分析。

表 5-6 酶的专一性加样表 （单位：ml）

试管编号	1	2	3	4	5	6
0.5% 淀粉 – 0.3% NaCl 溶液	0.5	—	0.5	—	0.5	—
2% 蔗糖溶液	—	0.5	—	0.5	—	0.5
稀释唾液	—	—	1.0	1.0	—	—
粗制蔗糖酶	—	—	—	—	1.0	1.0
蒸馏水	1.0	1.0				
			37℃恒温水浴锅中保温 10 min			
Benedict 试剂	1.0	1.0	1.0	1.0	1.0	1.0
			沸水浴 2～3 min			

【拓展阅读】

胡伟，谭显东，黄凡，等，2014. 三七渣固态发酵所产淀粉酶的酶学特性研究 . 中国粮油学报，29（5）：110-114

刘晓丹，潘志芬，琚亮亮，等，2017. α-淀粉酶对小麦糊化特性的影响 . 应用与环境生物学报，26（6）：1052-1058

谢汶芝，罗明，铁展畅，等，2015. 塔吉克斯坦土壤产功能酶细菌筛选及其产淀粉酶的酶学特性 . 新疆农业科学，52(12): 2294-2304

第二篇　巩固提升性实验

本教材中生物化学实验体系可以整合为 4 个模块，即基本操作技能、基础知识应用、综合性大实验、设计创新性实验 4 个模块，以蛋白质和酶学实验为主线，糖类、核酸、维生素实验为辅助。随着学习进程的展开，实验项目从简单到复杂，从操作训练到综合分析，从单一数据到多项指标，对学生的要求也随之提高。

本篇要求学生在获得可靠实验数据基础上，能够结合实验项目的具体情况对实验数据展开综合分析，得出翔实可靠的结论。例如，在实验九中，学生应了解测定指标与逆境条件的关系，综合分析过氧化物酶、丙二醛及可溶性蛋白含量变化与逆境条件变化之间的关系；在实验十中，学生应掌握实验方案设计的原则、方法，酶活力的定义及其计算公式等。

实验六　2,6-二氯酚靛酚滴定法和紫外分光光度法测定维生素 C 的含量

维生素 C（vitamin C），又称为抗坏血酸，生物体内的维生素 C 包括还原型、氧化型和结合型。蔬菜和水果中的维生素 C 以还原型为主，与其他还原性物质共同维持细胞正常的氧化还原电势以及某些酶系统的活性。因此，维生素 C 的含量是衡量果蔬品质及其加工工艺、储藏条件等优劣的重要指标。

维生素 C 含量测定的方法有多种，主要根据维生素 C 的结构及理化性质进行鉴定和含量测定，包括 2,6-二氯酚靛酚滴定法、紫外分光光度法、2,4-二硝基苯肼法、碘量法和荧光法等。

【实验设计】

维生素 C 的提取方法：草酸提取法或盐酸提取法。

维生素 C 的测定方法：2,6-二氯酚靛酚滴定法或紫外分光光度法。

材料的不同部位：果皮或果肉。

提取液放置时间：10 min 或 60 min。

提取液放置方式：密闭低温或开放室温。

组间可以根据实际情况选择特定条件，然后综合比较，进行实验结果分析。

方法一　2,6-二氯酚靛酚滴定法

【实验目的】

（1）掌握 2,6-二氯酚靛酚滴定法测定维生素 C 的原理和方法。

（2）掌握微量滴定管的操作要领及测定物质含量的原理和方法。

（3）掌握还原性物质测定的关键步骤及注意事项。

【实验原理】

还原型维生素 C 能将染料 2,6-二氯酚靛酚钠（2,6-D）还原，本身则氧化成脱氢抗坏血酸。2,6-D 在碱性环境中呈蓝色，在酸性溶液中呈红色，被还原后变为无色。当用 2,6-D 滴定含有维生素 C 的溶液时，只要待测样品中含有还原型维生素 C，滴入的 2,6-D 就被还原成无色。当溶液呈现淡红色时表明还原型维生素 C 被消耗完，此时即为滴定的终点。根据 2,6-D 的消耗量即可计算出样品中还原性维生素 C 的含量。

【实验仪器】

离心机、微量滴定管、玻璃匀浆机或研钵、可调式移液器或移液管。

【材料与试剂】

（1）材料：猕猴桃或青椒。

（2）2% 草酸溶液：取 2 g 草酸溶于 100 ml 蒸馏水中。

（3）标准维生素 C 溶液（0.1 mg/ml）：精确称取 10 mg 维生素 C，以 1% 草酸溶解并定容到 100 ml。临用前配制，储存到棕色玻璃瓶中。

（4）2,6-D（2,6-二氯酚靛酚钠）溶液：将 200 mg 2,6-D 溶解于约 200 ml 含有 208 mg NaHCO₃ 的热蒸馏水中，冷却后定容到 1000 ml，低温下储存在棕色瓶中。使用前必须标定，即确定 1 ml 2,6-D 溶液相当于标准维生素 C 的质量分数（K 值）。2,6-D 溶液不稳定，须在一周内完成滴定。

【实验步骤】

1 植物样品维生素 C 提取液的制备

准确称取猕猴桃果肉 0.5 g，加少量 2% 草酸溶液迅速研磨匀浆（不超过 3 min）。将匀浆液转入 50 ml 离心管中；用少量 2% 草酸溶液冲洗匀浆杯，一起转入离心管中 10 000 r/min 离心 10 min，将上清液移入 50 ml 容量瓶中，用 2% 草酸定容到 50 ml。

问题：为什么用 2% 草酸溶液提取维生素 C？

2 样品的测定

准确量取 5 ml 提取液放入 50 ml 锥形瓶内，用微量滴定管滴定 2,6-D 溶液至提取液呈现极淡的粉红色，并在 15～30 s 后不褪色时即为终点。滴定过程必须迅速，不要超过 2 min。

另取 5 ml 2% 草酸作空白对照进行滴定。

样品及对照均进行 3 次平行滴定，计算样品中维生素 C 含量。

问题：如果研磨时间过长会对结果造成怎样的影响？

问题：滴定中提取液变为粉红色，但放置 15～30 s 后褪色的原因是什么？

【结果计算】

$$W = \frac{(V_A - V_B) \times K \times V}{V_S \times M}$$

式中，W 为样品中维生素 C 的含量（μg/g FW）；V_A 为滴定样品管时所用去染料体积数（ml）；V_B 为滴定空白管时所用去染料体积数（ml）；K 为 1ml 2,6-D 溶液相当于标准维生素 C 的质量分数（μg/ml）；V 为提取液总体积（ml）；V_S 为滴定时所取的样品的提取液体积（ml）；M 为样品的质量（g）。

【仪器使用】

1）检查试漏 滴定管洗净后，先检查旋塞转动是否灵活，是否漏水。先关闭旋塞，将滴定管充满水，用滤纸在旋塞周围和管尖处检查。

2）滴定管的洗涤 洗涤前关闭旋塞，倒入约 10 ml 洗液，打开旋塞，放出少量洗液洗涤管尖，然后边转动边向管口倾斜，使洗液布满全管。最后从管口放出。然后用自来水冲净。再用蒸馏水洗 3 次，每次 10～15 ml。

3）润洗 滴定管在使用前还必须用操作溶液润洗 1 次或 2 次，润洗液弃去。

4）装液排气泡 洗涤后将操作溶液注入至零线以上，检查活塞周围是否有气泡。若有，轻弹管身让气泡上浮，或打开活塞使溶液冲出，排出气泡。

5）读数　切记要记录初始读数，视线与凹液面最低点刻度水平线相切。滴定结束后及时记录终止读数。

注意事项：①滴定管使用前必须试漏；②滴定管的有刻度一侧，管内不得有气泡；③右侧旋塞要关闭后再开始滴定；④读数时滴定管必须保持垂直，视线必须与液面的最凹点处于同一水平线上；⑤滴定管用毕暂时不再使用时，应洗净并擦净活栓，在活栓处应垫纸条以防粘连；⑥滴定终点的颜色判断是关键，各管应保持一致。

方法二　紫外分光光度法

【实验目的】

（1）掌握紫外分光光度法测定维生素 C 的原理和方法。

（2）与 2,6-二氯酚靛酚滴定法测定维生素 C 的数据进行比较。

（3）比较测试材料不同提取方法、不同取样部位维生素 C 含量的差异。

【实验原理】

利用 2,6-二氯酚靛酚滴定法测定维生素 C 的含量，操作步骤较烦琐，易受样品中其他还原性物质、样品色素颜色和测定时间的影响。维生素 C 具有紫外吸收的特性，其特征性吸收在 243 nm 处，并且在浓度为 0～100 mg/L 时与吸光度值成正比。维生素 C 具有对碱不稳定的特性，以用碱处理后的样品液做调零管，通过维生素 C 标准曲线即可计算样品中维生素 C 的含量。

【实验仪器】

紫外分光光度计、离心机、电子分析天平、容量瓶、可调式移液器或移液管、玻璃匀浆机或研钵、漩涡振荡器。

【材料与试剂】

（1）材料：猕猴桃或青椒。

（2）10% HPO_3：称取 10.0 g HPO_3，溶解于 90 ml 蒸馏水中。

（3）1% HPO_3：准确吸取 10% HPO_3 溶液 10.0 ml，用蒸馏水稀释到 100 ml。

（4）标准维生素 C 溶液（100 μg/ml）：准确称取 10 mg 维生素 C，加 2 ml 10% HPO_3，蒸馏水定容至 100 ml，放置在 4℃ 的冰箱中备用。

（5）1 mol/L NaOH 溶液：称取 40.0 g NaOH，用蒸馏水溶解并定容到 1000 ml。

【实验步骤】

1　标准曲线的制作

取具塞刻度试管 9 支并编号，按表 6-1 准确加液并摇匀，即为系列浓度的标准维生素 C 溶液。

表 6-1 维生素 C 溶液标准曲线的制作加样表 （单位：ml）

试管编号	0	1	2	3	4	5	6	7	8
标准维生素 C 溶液	—	0.1	0.2	0.3	0.4	0.5	0.6	0.8	1.0
蒸馏水	10.0	9.9	9.8	9.7	9.6	9.5	9.4	9.2	9.0

在 243 nm 处以 0 号管调零，测定各管的吸光度值。以维生素 C 浓度（μg/ml）为横坐标，以吸光度值为纵坐标作标准曲线。R^2 不低于 0.99 的标准曲线方可使用。

2 样品的测定

2.1 样品液的制备

准确称取猕猴桃果肉 1.0 g，在研钵中加入 2～5 ml 1% HPO_3 迅速匀浆；将匀浆液转移到离心管中，用少量 1% HPO_3 冲洗研钵，合并到离心管中。10 000 r/min 离心 10 min，倒出上清液，用 1% HPO_3 定容到 25 ml。

问题：为什么用 HPO_3 提取维生素 C？

2.2 测定用样品液的制备

取 3 个 10 ml 的容量瓶，在每个容量瓶中准确移入 4 ml 10% HPO_3 和 1 ml 的样品液，用蒸馏水定容到 10 ml 并摇匀。即为平行测定用样品液。

2.3 样品碱处理液的制备

分别吸取 1 ml 样品液、1 ml 蒸馏水和 4 ml 1 mol/L NaOH 溶液依次放入 10 ml 容量瓶中，混匀，15 min 后加入 4 ml 10% HPO_3，混匀，用蒸馏水定容后摇匀。

问题：在样品液中加入 NaOH 的目的是什么？为什么最后要加入 HPO_3？

2.4 测定

在 243 nm 处以样品碱处理液调零，测出 3 个样品液的吸光度值（A_{243}），取 A_{243} 的平均值为样液的吸光度值，通过回归方程计算样品中维生素 C 浓度，按照下列公式计算样品中维生素 C 含量。

问题：调零时为什么要用碱处理液而不用蒸馏水？

【结果计算】

$$W = \frac{C_S \times V \times n}{M}$$

式中，W 为样品中维生素 C 的含量（μg/g FW）；C_S 为样品液维生素 C 浓度（μg/ml）；V 为样品体积（25 ml）；n 为样液稀释倍数；M 为样品质量（g）。

问题：两种方法测定的维生素 C 含量有何差异，如何解释？

【应用实践】

维生素 C 易溶于水，不溶于有机溶剂，在酸性环境中稳定，遇空气中氧、热、光及碱性物质，特别是有氧化酶或痕量铜、铁等金属离子存在时，容易氧化。在食用、储藏维生素 C 制品时应尽量减少发生氧化。

目前维生素 C 测定的试剂盒有很多，检测方法也多种多样，如磷钼酸法、铜氧化法、菲咯啉法、2, 6-二氯酚靛酚滴定法、碘量法等。其中菲咯啉法的原理是还原型维生素 C 将 Fe^{3+} 还原生成 Fe^{2+}，后者再与菲咯啉发生显色反应，可以用于测定血浆中维生素 C 的含量。

【拓展阅读】

傅鑫程，肖佳颖，徐海山，等，2019. 黄花菜热风干燥动力学与维生素 C 降解动力学研究 . 食品研究与开发，40(4): 14-19

李嘉添，吴紫莺，李潇骁，等，2019. 膳食维生素 C 摄入水平对膝关节骨赘及关节间隙狭窄的影响研究 . 中国全科医学，22(1): 54-58

张冰，张会娟，张全盛，等，2019. 樱桃中花色苷、维生素 C 及其蛋白提取工艺的优化 . 食品工业，1: 37-41

实验七　酵母核糖核酸的提取

酵母（yeast）能将糖发酵成乙醇和二氧化碳，是一种典型的兼性厌氧微生物，常被用于乙醇酿造或者面包烘焙行业。酵母的主要成分是蛋白质，且富含人体必需的氨基酸，还含有大量的维生素 B_1、维生素 B_2 及烟酸，因此能够提高发酵食品的营养价值。

酵母 RNA 多存在于细胞质中，常用稀碱法和浓盐法提取。核糖核酸及其分解产物肌苷酸、鸟苷酸和次黄苷酸等在医药、食品、化妆品等行业中具有重要的用途。

【实验目的】

（1）掌握 RNA 制品提取的一般步骤和方法。

（2）进一步熟练离心机的操作规程。

（3）了解生物制品提取的原则和关键环节。

【实验原理】

酵母中 RNA 含量较多，DNA 含量很少。由于菌体容易获得，因此酵母是提取 RNA 的良好材料。在加热条件下菌体 RNA 可溶于低浓度 NaOH 溶液而不被破坏，在碱提取液中加入酸性乙醇溶液可以使解聚的核糖核酸沉淀，即得到 RNA 粗制品。

【实验仪器】

电热套、恒温电热烘干箱、布氏漏斗及抽滤瓶、真空泵、电子天平、高速离心机。

【材料与试剂】

（1）酵母粉。

（2）0.04 mol/L NaOH 溶液：称取 1.6 g NaOH 溶于蒸馏水中，定容到 1000 ml。

（3）酸性乙醇溶液：30 ml 95% 乙醇加 0.3 ml 浓盐酸混匀。

（4）95% 乙醇。

（5）乙醚。

【实验步骤】

1　研磨

取干燥洁净的 100 ml 量筒，量取 60 ml 0.04 mol/L NaOH 备用。将 13 g 干酵母悬浮于 25～30 ml 0.04 mol/L NaOH 溶液中，并在研钵中用力研磨 20 min。研磨均匀后的悬浮液转移到 100 ml 锥形瓶中，再用剩余的 NaOH 溶液洗涤用过的研钵，洗涤液一并转入锥形瓶中。

问题：研磨的目的是什么？如何提高研磨效果？

2　抽提

取 500 ml 烧杯，加入 150 ml 左右自来水，在电热套上煮沸。将装有悬浮液的锥形瓶放入沸水浴中 30 min，其间不时搅拌。

注意：不要被沸水烫伤！

3　离心

待悬浮液冷却后，转入 100 ml（或两支 50 ml）的离心管中，8000 r/min 离心 5 min；将上清液倾入烧杯中，弃去沉淀。

4　醇沉

向上清液中缓慢加入 40 ml 酸性乙醇，可见白色絮状沉淀；将溶液转入两支 50 ml 离心管中，4000 r/min 离心 3 min，弃去上清，保留沉淀（使用 50 ml 离心管时，此时将沉淀合并）。

问题：酸性乙醇的作用是什么？

5　醇洗

在离心管中加入 20 ml 95% 乙醇，剧烈振荡使之成为均匀的悬浊液，注意将沉淀搅动悬浮起来，充分洗涤。然后 4000 r/min 离心 3 min；重复两次，每次均保留沉淀。

问题：乙醇洗涤的作用是什么？要注意什么？

6　醚洗

向离心管中加入 15 ml 乙醚，剧烈振荡使之成为均匀的悬浊液，4000 r/min 离心 3 min，保留沉淀。

注意：乙醚容易挥发，离心管盖容易弹出！

7　抽滤

用 10～15 ml 乙醚将沉淀彻底悬浮，迅速转入铺有滤纸的布氏漏斗进行抽滤，保留沉淀，即为酵母 RNA 的粗制品。抽滤时注意样品液不要倒得太猛，以免样品冲出滤纸，导致样品损失。

8　称量

沉淀物在 80℃恒温电热烘干箱中干燥。干燥后的 RNA 粗品连同滤纸一起称重，减掉事先称得的滤纸质量，即为 RNA 粗品质量。称量后的 RNA 粗品用药匙压成粉末，保存至 EP 管中以备下一个实验使用。

9　提取率计算

问题：如何提高 RNA 的提取率？

$$W = \frac{m}{M} \times 100\%$$

式中，W 为粗品 RNA 的质量分数（%）；m 为获得的粗品 RNA 的质量（g）；M 为干酵母的质量（g）。

【应用实践】

酵母抽提物是由食用酵母中存在的天然酶使肽键发生断裂产生的氨基酸、多肽及细胞水溶性成分，主要功能是充当增鲜剂或风味强化剂，是一种纯天然、富含营养的食品辅料，在许多食品、调味品及饲料行业均有广泛应用。

【拓展阅读】

卜光明，颜茜，杨海龙，2019. 废弃毕赤酵母核糖核酸提取条件的优化. 浙江化工，50(4): 10-13

胡刚，孙军勇，蔡国林，等，2009. 浓盐法提取啤酒废酵母核糖核酸的研究. 中国酿造，208(7): 112-114

王战勇，孔俊豪，2007. 浓盐法和稀碱法提取啤酒废酵母核糖核酸的比较. 化学与生物工程，24(2): 60-62

张晓桐，朱萌，毛志海，等，2019. 酵母抽提物提取工艺及应用的研究进展. 中国调味品，44(2): 160-163

实验八 酵母核糖核酸的组分鉴定及含量测定

酵母 RNA 被浓硫酸水解后，生成嘌呤和嘧啶碱基、核糖及磷酸。利用嘌呤碱与硝酸银生成银化合物絮状沉淀、苔黑酚反应、钼蓝反应，分别对碱基、核糖和磷酸进行鉴定。

核酸含量测定的方法主要有定糖法、定磷法、紫外分光光度法等。磷含量测定的方法有钼蓝比色法、元素分析法和离子色谱法等。核酸的特征吸收峰接近 260 nm，因此实验中常根据 OD_{260}/OD_{280} 值来判断核酸的纯度。

【实验目的】

（1）掌握鉴定核酸组分的方法。

（2）掌握苔黑酚定量测定 RNA 的方法。

（3）掌握物质的定性鉴定和含量测定的基本原理及方法。

【实验原理】

核糖核酸中含有核糖、嘌呤碱、嘧啶碱和磷酸 4 种组分，加入稀硫酸煮沸可使其水解，从水解液中可以检测出上述组分的存在。

酸性条件下 RNA 分子中的核糖基转变为 α-呋喃甲醛，后者可以与苔黑酚（3, 5-二羟基甲苯）作用生成绿色复合物，此复合物在 670 nm 处有最大吸收，可以用比色法测定。当 RNA 浓度在 10～100 μg/ml 时，其浓度和吸光度值呈线性关系。

【实验仪器】

可调式移液器或刻度移液管、可见分光光度计、恒温水浴锅、电子天平、电子分析天平、电热套。

【材料与试剂】

（1）酵母 RNA 粗品（来自实验七）。

（2）1.5 mol/L H_2SO_4 溶液：将 83.3 ml 98% H_2SO_4 缓缓加入 900 ml 蒸馏水中，边倒入边搅拌，待冷却至室温时，用蒸馏水定容到 1000 ml。

（3）浓氨水。

（4）0.1 mol/L $AgNO_3$ 溶液：称取 1.7 g $AgNO_3$，用双蒸水溶解并定容到 100 ml，保存在棕色试剂瓶中。

（5）苔黑酚-$FeCl_3$ 溶液：将 100 mg 苔黑酚溶于 100 ml 浓 HCl 中，再加入 100 mg $FeCl_3 \cdot 6H_2O$，临用时配制。

（6）定磷试剂：将以下溶液按顺序以 A : B : C : 蒸馏水 = 1 : 1 : 1 : 2（V/V）混匀，现配现用。

（A）17% H_2SO_4：将 17 ml 98% H_2SO_4 缓缓加入 83 ml 水中，边倒入边搅拌。

（B）2.5% $(NH_4)_2Mo_2O_7$：称取 2.5 g $(NH_4)_2Mo_2O_7$ 溶于 100 ml 蒸馏水中。

（C）10% 维生素 C：称取 10 g 维生素 C 溶于 100 ml 蒸馏水中，用棕色试剂瓶贮存。颜色呈淡黄色时可用，如呈深黄或棕色则失效。

（7）标准 RNA 溶液：准确称取标准 RNA 10.0 mg，用蒸馏水溶解定容到 100 ml。此溶液 RNA 浓度为 100 μg/ml。

【实验步骤】

1　酵母 RNA 的组分鉴定

1.1　样液的制备

称取 100 mg 酵母 RNA 粗品，用药匙压成粉末转入玻璃试管，在试管中加入 10 ml 1.5mol/L H_2SO_4，置于沸水浴中加热至 RNA 粉末完全水解（溶液由浑浊变澄清），制成水解液并进行组分的鉴定。

1.2　组分的鉴定

问题： 加入浓氨水的作用是什么？

嘌呤碱：取 1 支试管，加入 1 ml 水解液再加入 4 滴或 5 滴浓氨水，然后加入 0.1 mol/L $AgNO_3$ 溶液约 1 ml，观察溶液的变化。

核糖：取 1 支试管，加入 1 ml 水解液，加入苔黑酚-$FeCl_3$ 溶液 1 ml，沸水浴 2~3 min，注意观察溶液颜色的变化。

磷酸：取 1 支试管，加入 1 ml 水解液和 1 ml 定磷试剂，沸水浴加热，观察溶液颜色的变化。

2　酵母 RNA 含量的定量测定

2.1　RNA 标准曲线的绘制

取 6 支洁净干燥的具塞试管，按表 8-1 加样并充分混匀，然后置沸水浴中准确加热 30 min，冷却。于 670 nm 处测定各管吸光度值。以吸光度值为纵坐标，RNA 浓度（μg/ml）为横坐标在 EXCEL 中作标准曲线，并将回归方程及 R^2 标示出。

表 8-1　RNA 标准曲线的制作　　　　（单位：ml）

试管编号	0	1	2	3	4	5
RNA 标准溶液	—	0.4	0.8	1.2	1.6	2.0
蒸馏水	2.0	1.6	1.2	0.8	0.4	—
苔黑酚-$FeCl_3$ 溶液	2.0	2.0	2.0	2.0	2.0	2.0

2.2　样品的测定

问题： 浓氨水助溶的原理是什么？

1）待测样品的制备　准确称量酵母 RNA 粗制品 10.0 mg，在小烧杯中用蒸馏水溶解，必要时滴加 1 滴或 2 滴浓氨水助溶，定容到 50 ml，即为 RNA 样液。吸取 5 ml 样品液，定容到 10 ml，即为 RNA 待测样液。

2）样品吸光度值的测定　取 4 支试管，按表 8-2 加样。充分混匀后置沸水浴中准确加热 30 min，流水冷却，在 670 nm 处测定各管吸光度值。根据回归方程计算 RNA 浓度（μg/ml）。

表 8-2　样品中 RNA 含量测定　　　　　　（单位：ml）

试管编号	0	1	2	3
RNA 待测样品	—	2.0	2.0	2.0
蒸馏水	2.0	—	—	—
苔黑酚-FeCl₃ 溶液	2.0	2.0	2.0	2.0

2.3　样品 RNA 含量的计算

$$W = \frac{C_S \times V \times n}{M} \times 100\%$$

式中，W 为 RNA 的质量分数（%）；C_S 为样液中 RNA 的浓度（μg/ml）；V 为测定用样液体积（ml）；n 为样液稀释倍数；M 为称取的粗制 RNA 的质量（μg）。

【拓展阅读】

何晓英，廖钫，朱清涛，等，2008. 水杨酸荧光增强法测定酵母核糖核酸 . 化学研究与应用，20(12): 1641-1643

刘玉杰，2007. 酵母核糖核酸组分鉴定实验中的两点说明 . 实验室科学，1: 79-80

徐明明，郑璐侠，王自强，等，2016. 注射用核糖核酸的含量测定方法比较 . 中国医药工业杂志，6: 1436-1441

实验九　植物组织中过氧化物酶、丙二醛及可溶性蛋白质含量测定

凡是不利于植物生存和生长的环境条件均称为逆境（stress environment）。逆境有自然条件发生的，也有人为造成的，如大气污染、盐碱、低温、干旱和病虫害等。植物逆境胁迫时生理生化代谢发生变化，研究植物对不同逆境的应激性和适应性可以更好地指导农业生产实践。

本实验对植物体中的过氧化物酶、丙二醛和可溶性蛋白含量进行测定，了解逆境胁迫条件下生理生化代谢的变化规律。

【实验目的】

（1）掌握植物组织中过氧化物酶、丙二醛和可溶性蛋白质含量的测定方法。

（2）进一步熟练对分光光度计等实验仪器的使用。

（3）了解逆境胁迫条件下生理生化代谢的变化。

【实验原理】

蛋白质和酶的提取一般采用缓冲液或稀盐溶液，溶液的离子强度、pH、温度、抑制剂和搅拌方式、保存方式及时间等均会影响生物大分子的活性。

1）离子强度　通常使用 0.02～0.05 mol/L 缓冲液。不同蛋白质的极性大小不同，为了提高提取效率，有时需要降低或提高溶剂的极性。向水溶液中加入蔗糖或甘油可使其极性降低，加入 KCl、$NaCl$、NH_4Cl 或 $(NH_4)_2SO_4$ 等可以增加溶液的极性。

2) pH　蛋白质、酶、核酸的溶解度和稳定性与 pH 有关，应尽量避免过酸、过碱，通常在 pH=6～8 范围内。提取溶剂的 pH 应在蛋白质和酶的稳定范围内，通常选择偏离等电点的两侧。碱性蛋白质选在偏酸的一侧，酸性蛋白质选在偏碱的一侧，以增加蛋白质的溶解度，提高提取效果，例如用稀酸溶液提取胰蛋白酶。

3）温度　为防止变性和降解，制备蛋白质和酶时一般在 0～5℃低温操作，进行冰浴研磨或匀浆，以及低温离心、透析或层析等。酶制剂或蛋白质溶液也需要低温保存，液体酶制剂一般在-80～-20℃保存。但少数对温度耐受力强的蛋白质和酶，可适当提高温度使杂蛋白变性，有利于提取和进一步纯化。

4）防止蛋白酶或核酸酶的降解作用　在提取蛋白质、酶和核酸时，常常受自身存在的蛋白酶或核酸酶作用而使生物分子发生降解。因此常采用加入抑制剂或调节提取液 pH、离子强度或极性等方法使水解酶失去活性，提高提取率，如蛋白酶抑制剂、金属螯合剂的使用。

5）使用温和的操作条件　搅拌能促使被提取物溶解，一般采用温和搅拌为宜，速度太快容易产生大量泡沫，增大了与空气的接触面，引起酶等物质的变性失活。

1　植物组织中过氧化物酶活性的测定

过氧化物酶 (peroxidase，POD) 广泛存在于植物的各个组织器官中，与光合作用、呼吸作用以及植物的抗逆性、老化等密切相关。在过氧化物酶的催化作用下，过氧化氢将愈创木酚氧化生成茶褐色物质，该物质在 470 nm 处有最大吸收峰，可根据单位时间内 A_{470} 的变化值，计算 POD 活性大小。

2　植物组织中丙二醛含量的测定

植物遭受逆境胁迫损伤后往往发生膜脂过氧化作用，丙二醛（malonic dialdehyde，MDA）是膜脂过氧化的最终代谢产物，MDA 含量可以反映细胞膜系统受损伤的程度，是植物衰老生理和抗性生理研究中的常用指标。

在酸性和高温条件下，MDA 可以与硫代巴比妥酸（TBA）反应生成红棕色的产物（3,5,5-三甲基噁唑-2,4-二酮），其最大吸收波长在 532 nm 处。植物遭受干旱、高温、低温等逆境胁迫时可溶性糖含量增加，糖与 TBA 显色反应产物的最大吸收波长在 450 nm 处。植物组织中其他物质也可以与 TBA 发生反应，因此测定植物组织中 MDA 含量时，要排除可溶性糖及其他物质对实验结果的干扰。

3　植物组织中可溶性蛋白质含量的测定

植物体内的可溶性蛋白质大多数是参与各种代谢的酶类，因此其含量多少可以间接反映植物体的代谢状况。可溶性蛋白质含量也是酶活性研究的重要指标之一。考马斯亮蓝

G-250 是一种染料，在游离态下呈红色，与蛋白质疏水区结合后变为青色，该结合物质在 595 nm 处有最大吸收峰。蛋白质与考马斯亮蓝 G-250 反应十分迅速，可在 2 min 达到平衡；该反应非常灵敏，可测定微克级的蛋白质，该方法广泛应用于蛋白质的含量测定。

【实验仪器】

可调式移液器或刻度移液管、电动玻璃匀浆机、离心机、高速离心机、分光光度计、电子天平、恒温水浴锅。

【材料与试剂】

（1）0.02 mol/L KH_2PO_4：称取 2.72 g KH_2PO_4，用蒸馏水溶解并定容到 1000 ml。

（2）磷酸盐缓冲液（phosphate buffer, PB）：取 87.7 ml 0.2 mol/L Na_2HPO_4 与 12.3 ml 0.2 mol/L NaH_2PO_4 混合。

（3）反应液：取 PB 50 ml，加入 28 μl 愈创木酚，搅拌溶解，待溶液冷却后加入 19 μl 30% H_2O_2 溶液，混合均匀后保存于冰箱中备用。

（4）标准蛋白（牛血清白蛋白，bovine serum albumin, BSA）溶液：准确称取 10 mg BSA，溶于蒸馏水并定容到 100 ml，配成 100 μg/ml 的原液。

（5）考马斯亮蓝 G-250：称取 100 mg 考马斯亮蓝 G-250 溶于 50 ml 90% 乙醇中，加入 100 ml 85% 浓磷酸，最后用蒸馏水定容至 1000 ml，过滤后使用。此溶液在常温下可放置一个月。

（6）20% 三氯乙酸 (trichloroacetic acid, TCA)：称取 20.0 g 三氯乙酸，溶解到 80 ml 蒸馏水中。

（7）0.6% 硫代巴比妥酸 (thiobarbituric acid, TBA) 溶液：准确称取 0.6 g 硫代巴比妥酸，加入少量的 1 mol/L NaOH 溶解，然后再用 10% TCA 定容到 100 ml。

【实验步骤】

1　POD 活性测定

1.1　酶液制备

取 1.0 g 植物叶片剪碎，置于玻璃匀浆杯中，加入预冷的 0.02 mol/L KH_2PO_4 溶液 5 ml，进行冰浴提取，然后 10 000 r/min 低温离心 10 min，取上清液定容至 50 ml，即为粗酶液，保存于冰水中备用。

问题：为什么在提取 POD 时要冰浴匀浆、低温离心、保存在冰水中？

1.2　酶活性测定

取玻璃比色皿 2 支，按表 9-1 加样。

表 9-1　过氧化物酶活性的测定　　　　　　　（单位：ml）

项目	空白管	样品管
反应液	3.0	3.0
KH_2PO_4 溶液	1.0	—
粗酶液	—	1.0

问题：为什么要求酶液加入的同时进行计时并记录初始吸光度值？如果计时不及时，对结果有什么影响？

问题：如果样品测定时 A 值变化太快，结束时超过 1.0，应该怎么处理？

在 470 nm 处用空白管调零，然后将样品管置入光路，用可调式移液器快速加入 1 ml 酶液，立即计时并记录初始吸光度值，然后每隔 1 min 记录一次吸光度值，测定 3 min 内吸光度值的变化。

酶活力的定义：以 A 值每分钟变化 0.01 为一个相对酶活力单位，计算植物组织内过氧化物酶活力的大小。

重复测定 3 次，取 3 次平均值计算酶活力。

1.3　结果计算

$$U = \frac{(A_2 - A_0) + (A_3 - A_1)}{4 \times 0.01}$$

$$S = \frac{U \times V \times n}{M}$$

式中，A_0 为计时开始时的吸光度值；A_n 为计时 n 分钟时的吸光度值；S 为样品中过氧化物酶的比活力（U/mg）；U 为 1 ml 待测样液中的酶活力值；V 为样液定容的体积（ml）；n 为稀释倍数；M 为取样量（g）。

2　可溶性蛋白质含量测定

2.1　标准曲线的制作（0～100 μg/ml 标准曲线）

取 6 支干燥洁净的试管，按表 9-2 配制系列标准蛋白溶液，加入考马斯亮蓝 G-250 溶液后混合均匀，放置 2 min 后于 595 nm 处以 0 号管调零，测定各管吸光度值。以蛋白质浓度为横坐标，吸光度值为纵坐标在 EXCEL 中作标准曲线。

表 9-2　牛血清白蛋白标准曲线制作加样表　　　（单位：ml）

试管编号	0	1	2	3	4	5
标准蛋白溶液	—	0.2	0.4	0.6	0.8	1.0
蒸馏水	1.0	0.8	0.6	0.4	0.2	—
考马斯亮蓝 G-250 溶液	4.0	4.0	4.0	4.0	4.0	4.0

2.2　样液的测定

取 1 ml 粗酶液，定容至 10 ml 即为蛋白质含量待测样液。取 3 支干燥洁净的试管按表 9-3 加样，并充分混合，放置 2 min 后于 595 nm 下比色，记录吸光度值，计算样品液中蛋白质的浓度。

表 9-3　样品中可溶性蛋白质含量测定加样表　　（单位：ml）

试管编号	0	1	2	3
待测样液	—	0.2	0.4	0.6
蒸馏水	1.0	0.8	0.6	0.4
考马斯亮蓝 G-250 溶液	4.0	4.0	4.0	4.0

2.3 结果计算

$$W=\frac{C_S \times V \times n}{M}$$

式中，W 为样品蛋白质含量（mg/g FW）；C_S 为待测样液的蛋白质浓度（mg/ml）；V 为样液定容的体积（ml）；n 为样液稀释倍数；M 为取样量（g）。

3 MDA 含量的测定

3.1 MDA 的提取

取 1 支干燥洁净的试管，加入 4 ml 粗酶液，再加入 20% TCA 溶液 4 ml（沉淀其中的蛋白质），充分振荡混匀放置 2 min 后，5000 r/min 离心 5 min，上清液即为 MDA 样品提取液。

问题：加入 TCA 溶液的作用是什么？

3.2 样品液的测定

取 4 支干燥洁净的试管，按表 9-4 加样并充分混匀。混合物于沸水浴中反应 15 min，取出流水冷却（如反应液出现浑浊，可 5000 r/min 离心 5 min，保留上清液进行比色）。以 0 号管为调零管，测定各管在 532 nm、600 nm 和 450 nm 波长处的吸光度值。

表 9-4 样品中 MDA 含量测定加样表 （单位：ml）

试管编号	0	1	2	3
MDA 样品提取液	—	2.0	2.0	2.0
蒸馏水	2.0	—	—	—
0.6% TBA	2.0	2.0	2.0	2.0

3.3 结果计算——双组分分光光度法

1) 待测样液中 MDA 的浓度

$$C=6.45(A_{532}-A_{600})-0.56A_{450}$$

式中，C 为 MDA 的浓度（μmol/L）；A_{450} 为 450 nm 波长下的吸光度值；A_{532} 为 532 nm 波长下的吸光度值；A_{600} 为 600 nm 波长下的吸光度值。

2) 样品中 MDA 的含量

$$W=\frac{C \times V}{M}$$

式中，W 为组织中 MDA 的含量（μmol/g FW）；C 为 MDA 浓度（μmol/L）；V 为提取液总体积（ml）；M 为样品质量（g）。

【拓展阅读】

李玉飞，鹿玲，2015. 过敏性紫癜患儿血浆髓过氧化物酶、丙二醛、超氧化物歧化酶及总抗氧化能力水平变化. 临床儿科杂志，33(4): 357-360

谭艳玲，张艳嫣，高冬冬，等，2012. 低温胁迫对铁皮石斛抗坏血酸过氧化物酶活性及丙二醛和脯氨酸含量的影响. 浙江大学学报：农业与生命科学版，38(4): 400-406

朱利君，苏智，胡进耀，等，2009. 珍稀濒危植物珙桐过氧化物酶活性和丙二醛含量. 生态学杂志，28(3): 451-455

实验十　肝脏谷丙转氨酶活力测定

谷丙转氨酶（glutamic-pyruvic transaminase，GPT），又称丙氨酸氨基转移酶（alanine aminotransferase，ALT），催化丙氨酸和 α-酮戊二酸转化生成丙酮酸和谷氨酸。该酶在肝细胞中活力最强，当肝细胞损伤时该酶释放进入血液，导致血液内酶活力增强。因此临床上将该酶作为肝病诊断的重要指标。

酶活力是指酶催化化学反应的能力，通常用产物的生成量来表示。酶活力单位的表征可以使用国际标准化的单位，也可以根据具体情况人为规定酶活力的度量单位。

【实验目的】

（1）掌握转氨酶的性质及临床意义。
（2）掌握谷丙转氨酶活力的测定方法及关键步骤。
（3）学会酶活性测定的设计原理及方法。

【实验原理】

转氨酶是催化氨基酸与 α-酮酸之间氨基发生转移的一类酶。生物体中具有多种转氨酶，动物中以心肌、脑、肝脏、肾脏等组织中含量较高。转氨酶种类虽多，但其辅酶只有一种，即磷酸吡哆醛，它是维生素 B_6 的磷酸酯，在转氨基作用中作为氨基的载体。人体中谷丙转氨酶主要存在于肝细胞中，是肝脏功能及病变的常见诊断指标。

本实验以丙氨酸和 α-酮戊二酸作为底物，利用内源性磷酸吡哆醛作为辅酶，反应一定时间后，通过测定所生成丙酮酸的量来确定谷丙转氨酶的活力。丙酮酸能与 2,4-二硝基苯肼结合，生成丙酮酸-2,4-二硝基苯腙，后者在碱性溶液中呈棕色，其吸收光谱的峰值在 520 nm 处，颜色深浅与丙酮酸生成量成正比，因此通过比色可以计算出谷丙转氨酶的活力。但肝脏中其他酮酸也能与 2,4-二硝基苯肼结合，生成相应的苯腙，对实验结果具有一定的影响。

【实验仪器】

可调式移液器或吸管、套筒式高速电动匀浆机、漩涡振荡器、电子天平、分光光度计、低温高速离心机。

【材料与试剂】

（1）小鼠肝脏。

（2）0.1 mol/L pH 7.4 磷酸缓冲液（PB）：称取 13.97 g K_2HPO_4 和 2.69 g KH_2PO_4 溶于蒸馏水中，定容到 1000 ml。

（3）标准丙酮酸溶液：准确称取纯化的丙酮酸钠 62.5 mg，溶于 100 ml 0.05 mol/L H_2SO_4 中，现用现配。

（4）谷丙转氨酶底物：0.90 g L-丙氨酸，29.2 mg α-酮戊二酸，先溶于少量 pH 7.4 的 PB 溶液中，然后用 1 mol/L NaOH 调节 pH 到 7.4，再用 pH 7.4 的 PB 定容到 100 ml，贮存于冰箱中，可使用 1 周。

（5）0.02% 2,4-二硝基苯肼溶液：称取 20 mg 2,4-二硝基苯肼溶于少量的 1 mol/L HCl 中，微热促溶，用 1 mol/L HCl 定容到 100 ml。

（6）0.4 mol/L NaOH：称取 16 g NaOH，用蒸馏水溶解并定容到 1000 ml。

（7）生理盐水：称取 0.9 g NaCl 溶于蒸馏水中，定容到 100 ml。

【实验步骤】

1　样品的制备

将小鼠处死，取出肝脏，用生理盐水冲去血污，滤纸吸干表面水分。称取 0.5 g 肝脏，剪成小块，加入预冷的 4.5 ml pH 7.4 的 PB，在冰水浴中制成 10% 的匀浆，8000 r/min 冷冻离心 5 min，取上清液即为粗酶液，保存在冰水中备用。

问题：酶液制备时要注意的问题有哪些？

2　样品的测定

取 4 支干燥洁净的试管，按表 10-1 加样操作。

表 10-1　肝脏谷丙转氨酶活力的测定加样表　　（单位：ml）

项目	样品管	标准管	对照管	空白管
谷丙转氨酶底物	0.5	0.5	—	—
		37℃水浴保温 5 min		
肝匀浆	0.1	0.1(标准丙酮酸)	0.1	0.1(PBS)
		混匀后，37℃水浴保温 30 min		
2,4-二硝基苯肼	0.5	0.5	0.5	0.5
谷丙转氨酶底物	—	—	0.5	0.5
		混匀后，37℃水浴保温 20 min		
0.4 mol/L NaOH	5.0	5.0	5.0	5.0

问题：空白管中为什么也要加入转氨酶底物？

问题：对照管与样品管中加入的溶液是一样的，设置对照管的目的是什么？

混匀后静置 10 min，以空白管调零，在 520 nm 波长处进行比色。将样品管吸光度值减去对照管吸光度值，再与标准管吸光度值进行比较，从而计算出丙酮酸含量。

3　谷丙转氨酶活力计算

酶活定义：酶在37℃条件下与底物反应30 min后，催化产生2.5 µg的丙酮酸作为一个活力单位。

$$U = \frac{(A_s - A_c) \times 500}{A_d \times 2.5} = \frac{(A_s - A_c) \times 200}{A_d}$$

式中，U 为每毫升肝脏匀浆谷丙转氨酶活力单位 (U/ml)；A_s 为样品管吸光度值；A_c 为对照管吸光度值；A_d 为标准管吸光度值；500表示1 ml标准丙酮酸溶液中含有500 µg的丙酮酸；2.5表示谷丙转氨酶的换算单位系数。

【应用实践】

谷丙转氨酶存在于各种细胞中，尤以肝细胞中含量最为丰富。在各种病毒性肝炎的急性期、药物中毒性肝细胞坏死时，谷丙转氨酶大量释放入血中，因此它是诊断病毒性肝炎、中毒性肝炎的重要指标。正常值为0~40 U/L，一般以谷丙转氨酶超过正常参考值上限2.5倍、持续异常超过半个月作为诊断肝炎的标准。

【拓展阅读】

罗亚仙，刘颖，马健博，等，2017. 谷丙转氨酶的动态变化与代谢综合征关联性研究. 中国卫生统计，34(6): 891-895

邱惠芳，李金花，杨文君，等，2015. 慢性乙型肝炎感染谷丙转氨酶持续正常患者肝脏病理相关因素分析. 中华医院感染学杂志，33(4): 3893-3895

实验十一　聚丙烯酰胺凝胶电泳法分离乳酸脱氢酶同工酶

聚丙烯酰胺凝胶电泳（polyacrylamide gel electrophoresis，PAGE）是以丙烯酰胺为单体、以聚合交联而成的凝胶为支持物进行电泳的常用实验技术，广泛应用于蛋白质、酶、核酸等生物分子的分离、分析，以及分子量、等电点的测定。

乳酸脱氢酶（lactate dehydrogenase，LDH）是最早发现的同工酶，是由骨骼肌型（M型）和心肌型（H型）两种亚基组成的四聚体，几乎存在于所有组织中。同工酶是研究代谢调控、遗传变异、物种进化、个体发育等机制的重要工具。

【实验目的】

（1）掌握聚丙烯酰胺凝胶电泳的基本原理和操作方法。

（2）掌握乳酸脱氢酶同工酶的活性染色及分离方法。

【实验原理】

1 电泳的基本原理

生物大分子如蛋白质、核酸等都是两性电解质，在溶液中基团发生解离而使生物分子携带电荷，在电场中发生移动，这种现象称为电泳（electrophoresis）。不同的带电颗粒在电场中的泳动速度不同，这与其本身所带的净电荷数量、颗粒大小和颗粒形状密切相关。一般来说，生物分子所带的净电荷越多、颗粒越小、形状越接近球形，在电场中的泳动速度就越快。

2 电泳的分类

（1）按支持介质的不同分为纸电泳（paper electrophoresis）、醋酸纤维薄膜电泳（cellulose acetate electrophoresis）、琼脂凝胶电泳（agar gel electrophoresis）、聚丙烯酰胺凝胶电泳（polyacrylamide gel electrophoresis，PAGE）、SDS-聚丙烯酰胺凝胶电泳（SDS-PAGE）。

（2）按支持介质形状不同分为水平板电泳、垂直板电泳、柱电泳。

按用途不同可分为分析电泳、制备电泳、定量免疫电泳、连续制备电泳。

按所用电压不同可分为：①低压电泳，100~500 V，电泳时间较长，适于分离蛋白质等生物大分子；②高压电泳，1000~5000 V，电泳时间短，适于分离氨基酸、多肽、核苷酸等物质。

（3）根据 pH 的连续性不同可分为：①连续 pH 电泳，如纸电泳、醋酸纤维素薄膜电泳；②不连续 pH 电泳，如聚丙烯酰胺凝胶盘状电泳。

3 电泳的影响因素

带电颗粒的迁移率主要受 3 方面因素影响：①颗粒本身性质，如颗粒荷电多少、分子大小和形状等；②电泳介质如电极缓冲液的 pH、离子强度、黏度等；③电场性质，如电场强度、电流等。

3.1 支持物介质

常用的电泳支持物主要有纤维薄膜（玻璃纤维薄膜、醋酸纤维薄膜）和凝胶（琼脂糖凝胶、聚丙烯酰胺凝胶）。这些支持物多为多孔结构，凝胶孔径对带电颗粒分子产生阻力，凝胶浓度越大，孔径越小，生物分子在凝胶中泳动的速度就越慢。

3.2 缓冲溶液

缓冲溶液的 pH、离子强度等直接影响电泳的分离效果。溶液 pH 决定了带电颗粒的解离程度，亦即决定其所带净电荷的多少，pH 距生物分子的 pI 越远，颗粒所带净电荷越多，泳动速度越快。溶液离子强度是指溶液中每种离子的质量摩尔浓度与该离子价数平方积的总和的 1/2。低离子强度时，电泳速度快，但缓冲容量小，不易维持 pH 恒定，导致条带分离不清晰；高离子强度时，电泳速度慢，但电泳谱带要比低离子强度时细窄，分离效果好。通常缓冲溶液离子强度在 0.02～0.2 mol/L。

3.3　电场强度

电场强度是电泳支持物上每厘米的电势差，也称电势梯度。电场强度越高，电泳速度越快，但随着电压的增加，电流也相应加大，产生的热效应也越大。温度的升高使介质黏度下降，分子运动加剧，引起自由扩散变快，导致电泳分辨率下降，甚至引起蛋白质的变性。发热引起电泳缓冲液中水分蒸发过多，使支持物（薄膜或凝胶等）上离子强度增加，引起虹吸现象（电泳槽内液被吸到支持物上）等，都会影响物质的分离。高压电泳的产热量大、分离时间长，必须配备冷却装置。

3.4　电渗现象

电泳的多孔支持物表面可以吸附水中的正离子或负离子使溶液相对带电，在电场中溶液就会向一定方向移动，这种在电场作用下液体对固体支持物相对移动的现象称为电渗。例如，纸电泳中由于滤纸含有羟基而带负电荷，而与纸相接触的一薄层水溶液带正电荷，液体便向负极移动，其携带的颗粒同时移动。所以电泳时带电颗粒泳动的表观速度是颗粒本身的泳动速度与电渗携带颗粒移动速度的加和。若电渗作用的方向和电泳作用的方向一致，则物质移动是电渗和电泳作用之和，反之是二者作用之差。电泳时宜采用电渗作用小的支持介质。

4　聚丙烯酰胺凝胶电泳

聚丙烯酰胺凝胶电泳（PAGE）以聚丙烯酰胺凝胶作为支持介质。聚丙烯酰胺凝胶是由单体丙烯酰胺（acrylamide，Acr）和甲叉双丙烯酰胺（N,N'-methylenebisacrylamide，Bis）聚合而成，这一聚合过程需要自由基催化才能完成。常用的聚合方法包括化学聚合和光聚合。化学聚合通常加入催化剂过硫酸铵（AP）和加速剂四甲基乙二胺（TEMED）。TEMED 催化过硫酸铵产生自由基，进而催化乙烯基逐个聚合形成丙烯酰胺长链；同时甲叉双丙烯酰胺在不断延长的丙烯酰胺链间形成甲叉键交联，从而形成交联的三维网状结构。氧气对自由基有清除作用，所以通常凝胶溶液聚合前要进行抽气。丙烯酰胺的另一种聚合方法是光聚合，催化剂是核黄素，核黄素在光照下能够产生自由基，催化聚合反应。一般光照 2～3 h 即可完成聚合反应。

聚丙烯酰胺凝胶可以通过控制单体的浓度及单体与交联剂的比例来获得不同孔径的凝胶，用于分离不同分子量的生物大分子；凝胶没有带电的其他离子基团，化学惰性好，电泳时不会产生"电渗"；机械强度好，有弹性不易碎，便于操作和保存；透明度好，便于照相和复印；而且凝胶没有紫外吸收，可以直接用于紫外波长的扫描操作；与分子筛效应和电荷效应结合起来，具有更高的分辨度。

5　不连续电泳

不连续电泳的凝胶体系由样品胶、浓缩胶和分离胶组成。最上层是样品胶，中层是浓缩胶，一般 Acr 为 2%～3%，是大孔胶，缓冲液 pH 在 6.7 左右，缓冲液的离子强度低（0.5 mol/L Tris-HCl）；最下层是分离胶，一般 Acr 为 5%～10%，是小孔胶，缓冲液 pH 在 8.9 左右，缓冲液离子强度高（1.5 mol/L Tris-HCl）。当电泳进行至分离胶界面时，一般提高电场强度以便提高电泳速度，缩短电泳时间。因此不连续电泳的不连续性体现在凝胶孔径、凝胶 pH、离子强度和电场强度 4 个方面，相应地，电泳过程中存在如下 3 种物理效应。

1）浓缩效应　带电荷颗粒在浓缩胶中泳动时，凝胶孔径大，所受的阻力小，泳动速度快。当颗粒到达小孔径的分离胶界面时，凝胶孔径变小，阻力突然增大，移动速度逐步减慢，一定高度的样品胶被浓缩成很窄的区带。另外，凝胶的缓冲离子成分也是不连续的，浓缩胶缓冲液 Tris-HCl 的 pH 是 6.7，Cl⁻的迁移率快于蛋白质，Cl⁻的快速移动使其后面的胶层离子强度下降，形成了一个低电导高电压的局部区域，蛋白质和甘氨酸离子加速移动。因为蛋白质的有效迁移率在 Cl⁻和甘氨酸离子之间，蛋白质离子就聚集在中间形成薄层，样品得到浓缩。进入分离胶后，pH 为 8.9，甘氨酸离子解离度大大增加，迁移率几乎与 Cl⁻接近，而且分离胶孔径变小，蛋白质受到的阻力增大，因此，分离胶中不具备浓缩效应。

2）电荷效应　由于蛋白质颗粒所带电荷、分子大小和形状等的差异，其泳动速度也不同，尤其是进入分离胶后，pH 由 6.7 升高至 8.9，pH 的升高使蛋白质颗粒所带的净电荷发生变化，多数蛋白质颗粒的有效电荷增加，加速泳动，各种组分在凝胶中按照迁移率大小顺序逐渐分离开。

3）分子筛效应　电泳中凝胶浓度不同，形成的凝胶孔径大小也不同，蛋白质分子泳动时所受的阻力也不同。进入分离胶后，凝胶孔径变小，大分子的蛋白质颗粒受的阻力大，泳动得慢，小分子组分受到的阻力小，泳动得快。在分离胶中不同的蛋白质分子依据各自的分子量和构型而实现分离。

同工酶是指催化相同的化学反应，但具有不同的分子结构、理化性质、免疫功能和调控性能的一组酶。同工酶不仅存在于不同的组织器官中，甚至在同一细胞的亚细胞结构中也有不同的同工酶分布，它是研究代谢调控、遗传变异、物种进化、个体发育等机制的重要工具，也是临床疾病诊断的重要指标。

乳酸脱氢酶（LDH）是含锌离子的金属蛋白，催化丙酮酸与乳酸之间的还原与氧化反应。LDH 有 5 种同工酶，广泛存在于人体各组织中，最多见于心肌、骨骼肌和红细胞等组织器官中。LDH 的辅酶是 NAD⁺。当 LDH 催化乳酸脱氢时，NAD⁺即被还原为 NADH；当有吩嗪二甲酯硫酸盐（PMS）和氯化硝基四氮唑蓝（NBT）存在时，则发生如下反应：

$$NADH + H^+ + PMS \longrightarrow NAD^+ + PMS \cdot H_2$$
$$PMS \cdot H_2 + NBT \longrightarrow PMS + NBT \cdot H_2$$

NBT·H₂为蓝紫色不溶化合物。当 LDH 同工酶区带在凝胶板上分开后，置于含有 NAD⁺、底物（乳酸）、PMS 和 NBT 的染色液中染色，同工酶带会有 NBT·H₂沉淀，即酶带呈现蓝紫色条带。

【实验仪器】

可调式移液器、真空泵及真空干燥器、电泳仪、垂直板电泳槽、弯头注射器、微量注射器、长针头注射器、高速冷冻离心机、带盖白搪瓷盘。

【材料与试剂】

（1）实验材料：小鼠血清及脑、肝脏、肾脏、肌肉等各器官组织的提取液。

（2）凝胶储备液。

A 储备液（30% Acr/Bis）：称取 29.1 g Acr（丙烯酰胺）、0.9 g Bis（甲叉双丙烯酰胺），用双蒸水溶解并定容到 100 ml，过滤备用。4℃存放可以保存 1 个月。

B 储备液（pH 6.7 Tris-HCl 缓冲液）：称取 5.98 g Tris 溶解到 40 ml 双蒸水中，用 4 mol/L HCl 调节 pH 到 6.7，加双蒸水定容到 100 ml。

C 储备液（pH 8.9 Tris-HCl 缓冲液）：称取 36.6 g Tris 溶解到 40 ml 双蒸水中，用 4 mol/L HCl 调节 pH 到 8.9，加双蒸水定容到 100 ml。

（3）10% AP：称取 1.0 g 过硫酸铵（AP），用双蒸水溶解并定容到 10 ml，−20℃保存备用。

（4）四甲基乙二胺（TEMED）。

（5）电泳缓冲液：称取 6.0 g Tris，28.8 g Gly 加双蒸水到 900 ml 溶解，并调节 pH 到 8.3，定容到 1000 ml，使用时稀释 10 倍。

（6）0.2 mol/L pH 7.5 磷酸缓冲液（PB）：称取 2.99 g $Na_2HPO_4 \cdot 2H_2O$、0.36 g $NaH_2PO_4 \cdot H_2O$，用双蒸水溶解并定容到 100 ml。

（7）1 mol/L NaOH：称取 4.0 g NaOH，用双蒸水溶解并定容到 100 ml。

（8）1 mol/L 乳酸钠溶液：取 85% 乳酸 2 ml 用双蒸水稀释到 80 ml，用 1 mol/L NaOH 调节 pH 到 7.0，用双蒸水定容到 100 ml。

（9）0.05% 溴酚蓝（指示剂）：称取 0.05 g 溴酚蓝，用 100 ml 双蒸水溶解。

（10）20% 蔗糖：称取 20 g 蔗糖溶解到 80 ml 双蒸水中。

（11）基本染色液：称取 30 mg NBT、50 mg NAD^+、2 mg PMS，用少量双蒸水溶解，再加入 15 ml 0.2 mol/L pH 7.5 PB，10 ml 1 mol/L 乳酸钠溶液，5 ml 0.1 mol/L NaCl，用双蒸水定容到 100 ml。用棕色瓶贮存，放置在 4℃的冰箱中，当天用完。

（12）2% 乙酸：取 2 ml 冰醋酸用蒸馏水稀释到 100 ml。

【实验步骤】

1　制胶

1.1　组装制胶用玻璃板、制胶架等设备

详细操作见附录一指南十二。

1.2　分离胶的制备

问题：TEMED 和 AP 的作用分别是什么？

1）配胶　取一干燥洁净的小烧杯，按表 11-1 配制分离胶，然后将烧杯放在真空干燥器中进行抽气处理，待胶液中没有气泡产生时取出，加入 10 μl TEMED 混匀后立即灌胶。

表 11-1　分离胶配制加样表（T=7.5%）　　　　（单位：ml）

项目	A 储备液	C 储备液	10% AP	双蒸水	总体积
用量	2.5	1.25	0.05	6.2	10.0

2）灌胶 取一定量胶液小心加入玻璃板之间，注意不要混进空气，当加到胶液液面距离短板上沿 1.5～2 cm 时停止。所有与胶液接触过的注射器和针头要及时用水清洗，防止内部堵塞。

3）压水 另取一带弯头的注射器在分离胶液上面小心覆盖 0.5 cm 的蒸馏水层，压平胶面的同时，促进凝胶的聚合。但尽量不要使加入的蒸馏水与胶液混合。

刚加入蒸馏水时在蒸馏水与胶液的交接处可见一明显的折光面，此折光面会逐渐消失，等再次出现时标志着分离胶聚合已经开始，再聚合 15 min 左右后倒去上层蒸馏水并用滤纸条小心吸去残余的蒸馏水，切勿破坏胶面的完整性。

1.3 浓缩胶的制备

1）配胶 另取小烧杯按表 11-2 配制浓缩胶，抽气后加入 10 μl TEMED 混匀后灌胶。

表 11-2 浓缩胶配制加样表（T=3%） （单位：ml）

项目	A 储备液	B 储备液	10%AP	双蒸水	总体积
用量	1	1.2	0.1	7.7	10.0

2）灌胶 先用少量浓缩胶液漂洗一下分离胶的胶面，然后用吸水纸除去，再加入浓缩胶液至距短板上端 0.5～1 cm 时停止。

3）模铸加样孔 在两玻璃之间插入样品梳。注意辨别样品梳正反面，以免撑破玻璃板。梳齿底部不要有气泡，有气泡时需要除去，以免影响实验效果。

4）除去样品梳 当浓缩胶聚合完成，放置 30 min 后使用。使用时小心拔除样品梳，不要让加样孔之间的间隔弯曲，用电泳缓冲液漂洗浓缩胶面。

2 组装电泳槽

详细操作见附录一指南十二。

3 样品的制备

3.1 制取粗酶液

小鼠在使用前一天不要喂食，用断头法处死小鼠，处死时用小离心管收集小鼠的血液备用。用木板固定小鼠，分别取小鼠的脑组织、心脏、肺、肝、肾、小肠和骨骼肌各组织。

称取 0.5 g 不同的样品，分别加入 4.5 ml 预冷的 0.2 mol/L pH 7.5 PB，在冰水浴中制成 10% 的匀浆，10 000 r/min 冷冻离

问题：在分离胶上覆盖蒸馏水的作用是什么？

问题：折光面消失和再次出现的原因是什么？

问题：为什么要保护胶面的完整性？

问题：分离胶和浓缩胶的区别有哪些？为什么要配制两种不同的凝胶？

心 10 min，取上清液即为粗酶液，保存在冰水中备用。血液直接离心取得血清做粗酶液用。

3.2　配制样品胶

取 B 储备液 20 μl，20% 蔗糖 60 μl，粗酶液 60 μl，溴酚蓝 25 μl 混匀，冰水储存备用。

问题：样品胶中加入蔗糖和溴酚蓝的目的分别是什么？

4　加样

用微量注射器吸取 15～25 μl 的样品，小心加入浓缩胶的凹槽内，注意不要让样品溢出槽口。加入不同样品时，要更换微量注射器或清洗干净，避免发生混样。

5　电泳

连接电泳仪和电泳槽。电泳仪的设置使用方法详见附录一指南十一。

电泳使用恒压模式，开始时电压设置为 40 V，待溴酚蓝条带进入分离胶后，电压调节为 150 V。当溴酚蓝条带到达凝胶下端 1～2 cm 时结束电泳。为保证酶活力不受影响，电泳过程中最好将电泳槽置于 4℃冰箱中。

6　剥胶

电泳结束后，取下凝胶模具，去掉外面的胶框，用剥胶铲从浓缩胶一端插入玻璃板之间，轻轻将玻璃板撬开，去掉短板，将胶板下端的一角切去，作为方向标记。

将吸水后的长注射器针头缓慢插入胶板和玻璃板之间，一面注水一面缓慢左右移动，同时推动针头前进，靠水流的压力和润滑作用使凝胶和玻璃板分开。将胶板从玻璃板上取下移入染色用的大培养皿中。

7　染色

问题：37℃ 保温的目的是什么？

将取下的胶板用蒸馏水洗净，放入盛有基本染色液的大培养皿中，加盖，在 37℃保温 30 min 便会有蓝紫色的条带出现。

8　固定与观察

将染色完毕的胶板放入 2% 乙酸溶液中固定保存。

观察经染色呈现的乳酸脱氢酶同工酶条带，拍照或描画示意图，找出 LDH1～LDH5 各条带，分析比较不同组织器官中各种同工酶是否存在，并比较各酶带在含量上的差异（根据染色的深浅进行比较）。

【应用实践】

乳酸脱氢酶几乎存在于所有组织中，采用电泳法可将人组织中的乳酸脱氢酶同工酶分离出 5 种同工酶区带，根据其电泳迁移率的快慢，依次为 LDH1、LDH2、LDH3、LDH4、LDH5。乳酸脱氢酶同工酶分布存在明显的特异性，可用于心肌梗死、心肌炎等心肌疾病的诊断。血清乳酸脱氢酶的正常参考值为 109～245 U/L。临床上乳酸脱氢酶活力异常，可能还与肝炎、恶性肿瘤、肺梗死、白血病、溶血性贫血、肾脏疾病、进行性肌萎缩等疾病有一定关系。

【拓展阅读】

管卫，齐静，沈永，等，2010. 1 例儿童血清乳酸脱氢酶同工酶异常区带的分析. 临床检验杂志，28(1): 75-76

黄艳娜，刘振民，游春萍，2017. 保加利亚乳杆菌 D-乳酸脱氢酶同工酶基因在大肠杆菌中的表达. 食品工业科技，38(5): 159-163

孙景春，艾清，张玲，等，2009. 乳酸脱氢酶同工酶 1（LD1）在诊断儿童心肌细胞损伤中的应用. 中国实验诊断学，13(1): 81-82

魏玉众，张桂蓉，霍斌，等，2017. 雅鲁藏布江中游 6 种裂腹鱼乳酸脱氢酶同工酶的比较研究. 淡水渔业，47(5): 3-8

实验十二　SDS-聚丙烯酰胺凝胶电泳法测定蛋白质分子量

十二烷基硫酸钠（SDS）是一种阴离子表面活性剂。它与蛋白质分子结合后，破坏其空间结构，形成带有大量负电荷的 SDS-蛋白质棒状复合物，消除蛋白质分子原有的荷电差异。因此，电泳时蛋白质分子的迁移率仅取决于其分子大小。SDS-聚丙烯酰胺凝胶电泳（SDS-PAGE）具有简便、快速、重复性好等优点，是目前测定蛋白质分子量及蛋白质纯度的常用方法。

【实验目的】

（1）进一步掌握垂直板型电泳的基本操作技术。

（2）掌握 SDS-PAGE 测定蛋白质分子量的基本原理和操作技术。

【实验原理】

当在蛋白质样品中加入 SDS 和还原剂（巯基乙醇或二硫苏糖醇）并进行热处理时，蛋白质分子中的二硫键会被还原剂还原，从而导致蛋白亚基解离。解离的亚基与 SDS 结合形成 SDS-蛋白质复合物，SDS-蛋白质复合物形似雪茄，其短轴长度均为 18Å，但其长轴长度则因蛋白质分子量的不同而不同。当 SDS 浓度大于 1 mol/L 时，大部分蛋白

生物化学实验

质按 1 : 1.4 的质量比与 SDS 结合，由于 SDS 带有大量的负电荷，从而掩盖了蛋白质原有的电荷差别。因而蛋白质分子在 SDS-PAGE 电泳中的迁移率主要取决于它的分子量，而与原来所带的电荷和形状无关。

在一定条件下，蛋白质的分子量与电泳迁移率之间的关系用公式表示：

$$\lg M_r = k_1 - bR_m$$

式中，M_r 为蛋白质的分子量；k_1 为截距；b 为斜率；R_m 为蛋白质的相对迁移率。

蛋白质分子量为 15～200 时，蛋白质迁移率与其分子量的对数之间呈线性关系。用已知分子量的标准蛋白质（Marker）的迁移率对其分子量作图，即为蛋白质分子量的标准曲线。电泳时待测蛋白质与标准蛋白质在同一电场中电泳，根据未知蛋白质的迁移率，即可从标准曲线上求出它的分子量。

【实验仪器】

可调式移液器、真空泵及真空干燥器、电泳仪、垂直板电泳槽、弯头注射器、微量注射器、长针头注射器、高速冷冻离心机、带盖白搪瓷盘、脱色摇床。

【材料与试剂】

（1）实验材料：大肠杆菌。

（2）凝胶储备液。

A 储备液（30% Acr/Bis）：称取 29.1 g Acr（丙烯酰胺），0.9 g Bis（甲叉双丙烯酰胺），用双蒸水溶解并定容到 100 ml，过滤备用。4℃存放可以保存 1 个月。

B 储备液（pH 6.7 Tris-HCl 缓冲液）：称取 5.98 g Tris 溶解到 40 ml 双蒸水中，用 4 mol/L HCl 调节 pH 到 6.7，加双蒸水定容到 100 ml。

C 储备液（pH 8.9 Tris-HCl 缓冲液）：称取 36.6 g Tris 溶解到 40 ml 双蒸水中，用 4 mol/L HCl 调节 pH 到 8.9，加双蒸水定容到 100 ml。

（3）TEMED。

（4）10% SDS：称取 5 g 十二烷基硫酸钠（SDS），加双蒸水 50 ml，微热使其溶解，4℃贮存。用前微热，使其完全溶解。

（5）10% AP：称取 1.0 g 过硫酸铵（AP）溶解，用双蒸水溶解并定容到 10 ml，−20℃保存备用。

（6）低分子量标准蛋白质。

（7）电泳缓冲液：称取 Tris 7.5 g，甘氨酸 36 g，SDS 2.5 g 加双蒸水到 900 ml 溶解，并调节 pH 到 8.3，定容到 1000 ml，使用时稀释 10 倍。

（8）样品缓冲液（2 倍）：量取 C 储备液 2 ml，甘油 2 ml，20% SDS 2 ml，0.1% 溴酚蓝 0.5 ml，巯基乙醇 1.0 ml，双蒸水 2.5 ml，混匀，室温放置备用。

（9）染色液：称取 0.2 g 考马斯亮蓝 R-250，用 84 ml 95% 乙醇溶解，加入 20 ml 冰醋酸，用双蒸水定容到 200 ml，过滤备用。

（10）脱色剂：量取 95% 乙醇 450 ml，冰醋酸 50 ml，加双蒸水 500 ml 混匀。

（11）保存液（7% 冰醋酸）：取 7 ml 冰醋酸用双蒸水稀释到 100 ml。

【实验步骤】

1 夹心式垂直电泳槽安装

参考实验十一。

2 分离胶制备

取一小烧杯,按表 12-1 配制分离胶,加入 10 μl TEMED 混匀后,立即灌胶。其余操作参考实验十一。

表 12-1 7.5% 分离胶的配制加样表　　　（单位：ml）

项目	A 储备液	C 储备液	10% Ap	10% SDS	双蒸水	总体积
用量	2.5	1.25	0.05	0.1	6.1	10.0

3 浓缩胶制备

另取小烧杯,按表 12-2 配制浓缩胶,加入 10 μl TEMED 混匀后,立即灌胶。

表 12-2 4.0% 浓缩胶的配制加样表　　　（单位：ml）

项目	A 储备液	B 储备液	10% Ap	10% SDS	双蒸水	总体积
用量	1.3	2.5	0.05	0.1	6.05	10.0

4 样品制备

1）待测样品的制备　取一支 1.5 ml 洁净小离心管,加入培养至对数生长期的大肠杆菌菌液 0.5 ml,3000 r/min 离心 5 min,吸取上清液保留菌体沉淀,用双蒸水洗涤两次并离心去掉残留的培养基;用 0.5 ml 双蒸水将菌体悬浮,再加入 0.5 ml 样品缓冲液,在 100℃沸水浴中保温 5～7 min,10 000 r/min 离心 10 min,取上清液即为待测蛋白样品。

2）标准蛋白样液的制备　标准蛋白样液按使用说明书配制,在 100℃沸水浴中保温 5～7 min 后备用。

5 加样

选择一个浓缩胶凹槽作标准蛋白泳道,在相应的凹槽内用微量注射器加入 5～10 μl 的标准蛋白。

在其他浓缩胶凹槽中用微量注射器加入 15～25 μl 待测样品。注意不要让样品溢出槽口。加入不同样品时,要更换微量注射器或清洗干净,避免样品间互混。

问题：电泳时加入 SDS 的作用是什么?

问题：样品制备时加热的目的是什么?

问题：电泳时为什么电极的连接是"上负下正"？

6 电泳

将电泳仪和电泳槽连接，开通电源。电泳选择恒压模式，开始时电压设置为 40 V，待溴酚蓝条带进入分离胶后，电压调节为 150 V。当溴酚蓝条带到达凝胶下端 1～2 cm 时结束电泳。

7 剥胶

电泳结束后，取下凝胶模具。用小铲子从浓缩胶一端插入，轻轻将玻璃板撬开，去掉一块玻璃板，将胶板下端的一角切去，作为加样标记。

将吸水后的长注射器针头缓慢插入胶板和玻璃板之间，一面注入蒸馏水一面缓慢左右移动同时推动针头前进，靠水流压力和润滑作用使凝胶和玻璃板分开。将胶板从玻璃板上取下移入染色用的白搪瓷盘中。在两侧溴酚蓝染料区带中心，插入细铜丝作为前沿标记。

8 染色

将取下的胶板用蒸馏水洗净，放入染色液，加盖染色 1 h 左右。染色后可用蒸馏水漂洗数次洗掉浮色，再用脱色液脱色直到蛋白质区带清晰，即可观察记录，计算标准蛋白及样品中各蛋白条带的相对迁移率。精确测量染色前胶片的长度（D_1）和脱色后胶片的长度（D_2）。

9 固定与观察

1）绘制标准曲线　将凝胶片放在观察灯上，量出前沿（溴酚蓝条带）与起点（分离胶与浓缩胶的界面）的距离（H），以及各蛋白质样品区带中心与起点的距离（h）。计算出它们的相对迁移率（R_m）。以标准蛋白质的相对迁移率（R_m）值为横坐标，标准蛋白质分子量的对数（$\lg M_r$）为纵坐标作图。

2）计算分子量　根据未知蛋白质样品相对迁移率，在标准曲线上查得分子量。

R_m 的计算方法：

$$R_m = \frac{h \times D_1}{H \times D_2}$$

式中，R_m 为相对迁移率；h 为原点到谱带中心的距离；H 为样品原点到溶剂前沿（溴酚蓝条带）的距离；D_1 为染色前胶片的长度；D_2 为脱色后胶片的长度。

【拓展阅读】

邓建军, 焦霞, 杨海霞, 等, 2012. 利用聚丙烯酰胺凝胶电泳技术分析蜂蜜蛋白质行为. 食品科学, 33(14): 188-191

何立中, 王丽萍, 郭世荣, 等, 2011. SDS-聚丙烯酰胺凝胶 pH 对黄瓜蛋白质双向电泳图谱的影响. 上海农业学报, 27(2): 18-21

朱丽, 肖文浚, 李新霞, 等, 2018. SDS-聚丙烯酰胺凝胶电泳法同时测定不同产地大蒜药材中的蒜酶与凝集素. 药物分析杂志, 47(6): 948-954

第三篇 综合设计性实验

　　本篇综合设计性实验是采用多种技术手段、分层次实验、多角度分析的由点到面的复合型实验项目，是基于"科学研究实战训练"的实验教学理念，在课题探究的"实战"中培养学生分析问题、解决问题的实践能力。在预习报告、实验操作、数据处理、报告总结的基础上，增加了文献查阅、实验方案的设计环节。学生在此基础上展开项目研究，最后按照论文的形式书写实验报告。

实验十三　植物中多酚、黄酮类提取及其抗氧化性能的测定

【实验目的】

（1）掌握植物材料中多酚、黄酮类物质提取的方法。

（2）掌握常用抗氧化性能检测的常用方法。

【实验原理】

多酚（polyphenol）是具有多个羟基的酚类成分的总称。黄酮是一类含有 2-苯基色原酮结构的化合物，大部分与糖结合成苷类，也可以以游离形式存在。植物多酚及黄酮类物质在植物界分布很广，在植物的生长、发育、开花、结果及抗菌防病等方面起着重要作用。多酚或黄酮类物质具有改善血管通透性、降低血脂和胆固醇、抗过敏、护肝健胃、抗菌、抗病毒、减缓脂质过氧化和减缓骨质疏松等多种生物活性。其中抗氧化活性作用显著。某些蔬菜和水果是人类膳食中多酚及黄酮类物质的主要来源。目前抗氧化评价方法有很多，机制各不相同，同一物质在不同评价体系里有可能表现出不同的抗氧化活性。本实验从果蔬样品提取获得多酚、黄酮类粗提物，从 1,1-二苯基-2-三硝基苯肼（DPPH）清除、抗氧化能力（FRAP）实验法、邻苯三酚自氧化三方面对其抗氧化性质进行评价。

1　多酚含量的测定原理

多酚类物质含有酚羟基，属于极性有机化合物，常用甲醇、乙醇、乙酸乙酯、水，以及出这些溶剂按比例组成的复合溶剂进行提取。没食子酸在强光和高温下非常稳定，实验以没食子酸为标准物质。多酚羟基与铁离子螯合变成蓝紫色化合物，在 540 nm 波长可见光下，可引起没食子酸分子中价电子的跃迁和选择性吸收，且吸光值与多酚浓度在一定范围内呈现线性关系。

2　总黄酮含量测定原理

黄酮类物质大多与糖结合成苷，易溶于乙醇、甲醇、乙酸乙酯、丙酮等有机溶剂中，因此一般用有机溶剂进行提取。硝酸铝络合分光光度法是黄酮含量测定的常用方法，其原理是黄酮类化合物能与铝离子生成稳定的络合物，该络合物在波长 510 nm 处有特征吸收峰，在一定范围内其吸光度值与黄酮浓度呈正比。实验中以芦丁作为标准品，采用分光光度法测定样品中黄酮类物质的含量。

3　抗氧化能力检测原理

1）方法 1　DPPH 是一种稳定的自由基，其乙醇溶液呈紫色，在 517 nm 处有强吸收。当 DPPH 溶液中加入自由基清除剂时，DPPH 的单电子被配对，在最大吸收波长处的吸光度变小，颜色变浅，自由基清除率与吸光度值呈现线性关系。因此可以通过吸光度值变化来评价自由基的清除情况，从而评价样品的抗氧化能力。清除率越大，抗氧化能力越强。

2）方法 2　FRAP 法是基于氧化还原反应，在酸性条件下，三价铁与三吡啶基三嗪

（TPTZ）形成复合物（Fe³⁺-TPTZ），在还原物质的作用下，复合物被还原为二价铁而呈明显的蓝色，在 593 nm 处达到最大吸收，其吸光度的变化与还原物质的含量呈现剂量依赖关系，该方法可以作为测定物质总抗氧化能力的一种方法。

3）方法 3　邻苯三酚，又称焦性没食子酸，在 Tris-HCl（pH 8.2）缓冲液中可以发生自氧化，分解产生·O_2^- 和有色中间产物，该物质在 325 nm 波长处有最大吸收峰。·O_2^- 具有很高的反应活性，因而能够加速邻苯三酚自氧化。如果加入能够清除·O_2^- 的物质，就能抑制有色产物的积累，表现为吸光度值下降，从而反映出该物质的抗氧化能力。

【实验仪器】

可调式移液器或移液管、套筒式高速电动匀浆机、分析天平、电子天平、分光光度计、低温高速离心机、漩涡振荡器、恒温干燥培养箱、电磁炉、超声波清洗器、恒温水浴锅、抽滤装置。

【材料与试剂】

（1）酒石酸亚铁溶液的配制：称取 0.1 g $FeSO_4 \cdot 7H_2O$、0.5 g 酒石酸钾钠，用蒸馏水溶解并定容到 100 ml，低温保存备用。

（2）0.25 mg/ml 没食子酸标准溶液：称取 25.0 mg 没食子酸标准品，用蒸馏水溶解并定容到 100 ml，低温保存备用。

（3）0.1 mg/ml 芦丁标准溶液：称取 10.00 mg 经 120℃ 干燥至恒重的芦丁，用 75% 乙醇溶解并定容至 100 ml。

（4）10 mmol/L $FeSO_4$：准确称取 2.78 g $FeSO_4 \cdot 7H_2O$，用蒸馏水溶解并定容到 1000 ml。

（5）10% $Al(NO_3)_3$：准确称取 5.00 g $Al(NO_3)_3$，用蒸馏水溶解并定容到 50 ml。

（6）4% NaOH：准确称取 2.00 g NaOH，用蒸馏水溶解并定容到 50 ml。

（7）15% $NaNO_2$：准确称取 7.50 g $NaNO_2$，用蒸馏水溶解并定容到 50 ml。

（8）DPPH 储备液的制备：精确称取 0.1984 g 二苯基苦味肼基自由基，用无水乙醇充分溶解并定容到 50 ml 容量瓶中，0~4℃避光保存。

（9）pH 3.6 的 0.3 mol/L 乙酸盐缓冲液。

A 液：0.3 mol/L 乙酸，取 1.7325 ml 冰醋酸，用蒸馏水稀释并定容到 100 ml。

B 液：0.3 mol/L 乙酸钠溶液，称取 2.0412 g 乙酸钠，用蒸馏水溶解并定容到 50 ml。取 A 液 46.3 ml 和 B 液 3.7 ml 混合后，即为 pH 3.6 的缓冲液。

（10）40 mmol/L HCl：准确量取 0.333 ml 37% 的 HCl，用蒸馏水稀释并定容到 100 ml。

（11）10 mmol/L TPTZ 溶液：准确称取 0.1562 g 三吡啶三吖嗪，以 40 mmol/L HCl 溶解并定容到 50 ml。

（12）TPTZ 工作液：取 0.3 mol/L 乙酸盐缓冲液 25 ml、10 mmol/L TPTZ 溶液 2.5 ml、20 mmol/L $FeCl_3$ 溶液 2.5 ml 混合。

（13）20 mmol/L $FeCl_3$：准确称取 0.2703 g $FeCl_3 \cdot 6H_2O$，用蒸馏水溶解并定容到 50 ml。

（14）10 mmol/L HCl：准确量取 0.9 ml 37% 的 HCl，用蒸馏水稀释并定容到 1000 ml。

（15）50 mmol/L Tris-HCl：准确称取 3.691 g Tris-HCl，用 450 ml 蒸馏水溶解，然后调 pH 至 8.2，用蒸馏水定容到 500 ml。

（16）3 mmol/L 的邻苯三酚：准确称取 94.6 mg 没食子酸，用 10 mmol/L HCl 溶解并定容到 250 ml。

（17）75% 乙醇。

（18）无水乙醇。

【实验步骤】

1 样品液的制备

将果蔬样品（苹果、猕猴桃或橙子等）洗净、擦干，去皮或去核切片后在沸水中加热 10 s，以破坏多酚氧化酶，将样品表面水分用滤纸吸干，取 1.00 g 放入匀浆机中匀浆。匀浆液转移至锥形瓶中，加入 20 ml 75% 乙醇在 70℃超声提取 1.2 h，10 000 r/min 离心 10 min，上清液置于 50 ml 容量瓶中，用 75% 乙醇定容至 50 ml 作为样品液。

问题：样品制备时应该注意什么问题？

2 多酚含量的测定

2.1 标准曲线的绘制

取 6 支试管，按表 13-1 加样，用 pH 7.5 PBS 定容到 25 ml，混匀，静置 15 min 后在 540 nm 波长处以 0 号管调零，测定其他各管的吸光度值，以吸光度值对浓度作标准曲线，并求出直线回归方程。

表 13-1　没食子酸标准曲线加样表　　　（单位：ml）

试管编号	0	1	2	3	4	5
没食子酸标准溶液	0	1.0	2.0	3.0	4.0	5.0
蒸馏水	5.0	4.0	3.0	2.0	1.0	0
酒石酸亚铁溶液	5.0	5.0	5.0	5.0	5.0	5.0

2.2 样品中多酚含量的测定

取 4 支 25 ml 的具塞试管，按表 13-2 加样，加入酒石酸亚铁溶液摇匀后放置 15 min，于 540 nm 处测定吸光度值，根据回归方程计算多酚含量。

表 13-2　样品中多酚含量的测定加样表　　　（单位：ml）

试管编号	0	1	2	3
待测样品液	—	5.0	5.0	5.0
蒸馏水	5.0	—	—	—
酒石酸亚铁溶液	5.0	5.0	5.0	5.0

2.3　结果计算

$$W= \frac{C_s \times V}{M}$$

式中，W 为样品中多酚的含量（mg/g FW）；C_s 为样品液的多酚浓度（mg/ml）；V 为样品体积（ml）；M 为样品质量（g）。

3　黄酮含量的测定

3.1　标准曲线的绘制

按表 13-3 加样操作，在 510 nm 波长下测定吸光度值，以吸光度对浓度作标准曲线，并求出直线回归方程。

表 13-3　芦丁标准曲线的制作加样表　　　　（单位：ml）

试管编号	0	1	2	3	4	5
芦丁标准液	0	1.0	2.0	3.0	4.0	5.0
75% 乙醇	5.0	4.0	3.0	2.0	1.0	0
5% NaNO$_2$	0.5	0.5	0.5	0.5	0.5	0.5
			摇匀，避光放置 6 min			
10% Al(NO$_3$)$_3$	0.5	0.5	0.5	0.5	0.5	0.5
			摇匀，避光放置 6 min			
4% NaOH	4.0	4.0	4.0	4.0	4.0	4.0
			摇匀，避光放置 15 min 后比色			

3.2　样品中黄酮含量的测定

取 4 支 10 ml 的具塞试管，按表 13-4 加样操作。避光放置 15 min 后于 510 nm 处测定吸光度，根据回归方程计算黄酮的含量。

表 13-4　样品中黄酮含量的测定加样表　　　　（单位：ml）

试管编号	0	1	2	3
样品液	—	5.0	5.0	5.0
75% 乙醇	5.0	—	—	—
5% NaNO$_2$	0.5	0.5	0.5	0.5
		摇匀，避光放置 6 min		
10% Al(NO$_3$)$_3$	0.5	0.5	0.5	0.5
		摇匀，避光放置 6 min		
4% NaOH	4.0	4.0	4.0	4.0
		摇匀，避光放置 15 min 后比色		

3.3 结果计算

$$W = \frac{C_S \times V}{M}$$

式中，W 为样品中黄酮的含量（mg/g FW）；C_S 为样品液的黄酮浓度（mg/ml）；V 为样品体积（ml）；M 为样品质量（g）。

4 抗氧化性的测定

4.1 DPPH 实验

按表 13-5 建立 DPPH 反应体系，测定样品液对 DPPH 自由基的清除作用。

表 13-5　DPPH 反应体系加样表　　　　（单位：ml）

项目	空白管	样品管	对照管
DPPH	—	2.0	2.0
无水乙醇	2.0	—	2.0
样品液	2.0	2.0	—

按上述体系加样到试管中，摇匀，室温下避光反应 35 min 后，以空白管为调零管，在 517 nm 处测定各管的吸光度。进行 3 次平行实验，取平均值。

DPPH 自由基清除率按下列公式进行计算：

$$清除率 = \left[1 - (A_I - A_C)/A_S \right] \times 100\%$$

式中，A_I 为样品管的吸光度值；A_C 为空白管的吸光度值；A_S 为对照管的吸光度值。

4.2 FRAP 法测定抗氧化活性

1）硫酸亚铁标准曲线绘制　按表 13-6 配制系列浓度 $FeSO_4$。取 6 ml TPTZ 工作液，加入 0.2 ml 不同浓度的 $FeSO_4$，37℃反应 10 min。以蒸馏水为参比，593 nm 处测定吸光度。以硫酸亚铁浓度为横坐标，吸光度值为纵坐标，绘制标准曲线（表 13-7），并求出直线回归方程。

表 13-6　硫酸亚铁系列浓度配制表

试管编号	1	2	3	4	5	6
10 mmol/L $FeSO_4$（ml）	0.1	0.2	0.4	0.6	1.0	1.5
蒸馏水（ml）	9.9	9.8	9.6	9.4	9.0	8.5
浓度（mmol/L）	0.1	0.2	0.4	0.6	1.0	1.5

表 13-7　硫酸亚铁标准曲线加样表　　　　　（单位：ml）

试管编号	0	1	2	3	4	5	6
不同浓度 FeSO₄	—	0.2	0.2	0.2	0.2	0.2	0.2
蒸馏水	0.2	—	—	—	—	—	—
TPTZ 工作液	6.0	6.0	6.0	6.0	6.0	6.0	6.0

2）抗氧化活性测定　取 4 支 10 ml 具塞试管，按表 13-8 加样，37℃保温 10 min。在 593 nm 处以 0 号管调零，测定其他各管的吸光度。

表 13-8　样品液抗氧化活性测定加样表　　　（单位：ml）

试管编号	0	1	2	3
样品液	—	0.2	0.2	0.2
蒸馏水	0.2	—	—	—
TPTZ 工作液	6.0	6.0	6.0	6.0

取 3 支样品管吸光度值的平均值进行计算。

3）结果计算　FRAP 值定义：在 37℃条件下反应 10 min 后催化产生 1 mmol/L 的 FeSO₄ 作为一个 FRAP 值。由样品所测得的吸光度，利用回归方程计算出 FeSO₄ 毫摩尔数及相应的 FRAP 值。

4.3　邻苯三酚法测定抗氧化活性

1）自氧化速率的测定　取两支试管，按表 13-9 加样操作。在 325 nm 处以空白管调零，将样品管置入光路后，用可调式移液器快速加入邻苯三酚，立刻计时并记录起始的吸光度值，然后每隔 30 s 测定并记录一次吸光度值，测定 3 min 内吸光度值的变化。

表 13-9　邻苯三酚自氧化速率的测定加样表　　（单位：ml）

项目	空白管	样品管
50 mmol/L Tris-HCl	1.5	1.5
蒸馏水	1.4	1.4
	37℃水浴 20 min，取出后立即倒入比色皿	
10 mmol/L HCl	0.3（37℃预热）	—
3 mmol/L 邻苯三酚	—	0.3（37℃预热）
	邻苯三酚加入后计时，每隔 30 s 测定吸光度值	

2）样品的测定　取 4 支干燥洁净的试管，如表 13-10 加样并操作。在 325 nm 处以 0 号管调零；样品管的加样和测定方法同前，每隔 30 s 记录一次吸光度值，测定 3 min 内吸光度值的

变化。

表 13-10 样品对·O_2^-的清除作用加样表 （单位：ml）

试管编号	0	1	2	3
样品液	—	0.1	0.3	0.5
蒸馏水	1.4	1.3	1.1	0.9
50 mmol/L Tris-HCl	1.5	1.5	1.5	1.5
37℃水浴 20 min，取出后立即倒入比色皿				
10 mmol/L HCl	0.3	—	—	—
3 mmol/L 邻苯三酚	—	0.3	0.3	0.3

3）结果计算

$$清除率 = \frac{\Delta A_1 - \Delta A_2}{\Delta A_1} \times 100\%$$

式中，ΔA_1 为每 30 s 邻苯三酚自氧化的吸光度变化值；ΔA_2 为加入样品液后每 30 s 邻苯三酚自氧化吸光度变化值。

实验十四　食用菌多糖的提取、纯化及其分子量的测定

【实验目的】

（1）掌握食用菌多糖的提取、纯化的常用方法。

（2）掌握常用抗氧化性能检测的常用方法。

【实验原理】

多糖（polysaccharide）是除蛋白质和核酸之外的一类重要的生物大分子，是生物体的重要能源物质，同时为其他化合物的合成提供碳源。多糖还具有抗肿瘤、抗病毒、调节免疫功能等生物活性和药理活性。多糖分子溶于水而不溶于有机溶剂，通常采用热水浸提、乙醇沉淀的方法提取获得粗多糖，再脱除非多糖组分。例如，利用 Sevag 法、酶法、三氯乙酸法等去除蛋白质组分，最后再经离子交换层析、凝胶过滤层析等进一步分离纯化，浓缩后透析、冻干，获得多糖组分。

食用菌（edible fungi）是指人类食用的大型真菌，含有多糖、生物碱、有机酸等多种功能活性成分，其中多糖是其主要功能成分。食用菌多糖具有清除自由基和增强抗氧化的能力，在抗肿瘤、抗凝血、抗炎症、刺激免疫以及降血糖等方面都有一定的作用，已逐渐发展成为一种新的免疫疗法。食用菌多糖的生物活性是保健食品功能因子的研究热点，也是目前最有开发前途的保健食品和药品新资源之一。

【实验仪器】

可调式移液器或刻度移液管、套筒式高速电动匀浆机、分析天平、电子天平、分光光度计、低温高速离心机、漩涡振荡器、恒温干燥培养箱、电磁炉、超声波清洗器、恒温水浴锅、抽滤装置、冷冻冻干机、旋转蒸发仪、AKTA Explorer 10 层析系统

（2.6 cm × 20 cm DEAE-Sepharose Fast Flow、1.0 cm × 30 cm Superdex 200）。

【材料与试剂】

（1）活性炭。

（2）三氯甲烷。

（3）正丁醇。

（4）95% 乙醇。

（5）丙酮。

（6）无水乙醇。

（7）乙醚。

（8）2 mol/L NaCl：称取 116.88 g NaCl，用三蒸水溶解并定容到 1000 ml。

（9）9% 苯酚：称取 9 g 苯酚，加蒸馏水 91 ml 溶解，现配现用。

（10）98% 硫酸（相对密度为 1.84）。

（11）标准葡萄糖溶液（0.1 mg/ml）：称取干燥至恒重的 100 mg 葡萄糖溶解到蒸馏水中，定容到 1000 ml。

（12）多糖标准品：分别称取 Dextran T10、T40、T70、T500、T2000 各 50 mg，分别用三蒸水溶解并定容到 10 ml，即为 5 mg/ml 的系列多糖标准溶液，保存在 4℃ 的冰箱中以免变质。

（13）0.15 mol/L NaCl：称取 8.77 g NaCl，用三蒸水溶解并定容到 1000 ml。

（14）2 mol/L TFA：准确移取 148.5 ml 三氟乙酸（TFA），用三蒸水稀释并定容到 1000 ml。

（15）展层剂：取正丁醇、乙酸乙酯、异丙醇、冰醋酸、水、吡啶按体积比 35：100：60：35：30：30 装入分液漏斗，摇匀后静置分层，弃去水层，混合物即为展层剂。

（16）显色剂：用 2% 苯胺丙酮溶液、2% 二苯胺丙酮溶液、85% 磷酸试剂按照体积比 5：5：1 混合。

（17）0.5 mg/ml 标准单糖对照品：称取 D-木糖 (Xyl)、D-半乳糖 (Gal)、L-岩藻糖 (Fuc)、D-葡萄糖 (Glc)、D-阿拉伯糖 (Ara)、L-鼠李糖 (Rha)、D-甘露糖 (Man)、D-果糖 (Fru) 各 5 mg，用三蒸水溶解并定容到 10 ml，保存在 4℃ 的冰箱中以免变质。

（18）20% 乙醇：取 95% 乙醇 20 ml。用三蒸水稀释到 95 ml。

（19）KBr：称取 0.5 g 光谱纯 KBr，用玛瑙研钵研细至 200 目以下，在烘箱中 100℃ 干燥至恒重，置于干燥器中密封备用。

【实验步骤】

1　食用菌多糖的提取

1.1　粗多糖的提取

1）干燥粉碎样品　称取一定量的杏鲍菇（或香菇、金针菇）子实体，于 65℃ 烘干至恒重，粉碎成 40 目的干粉。

2）浸提 称取 10 g 干粉放置在 250 ml 锥形瓶中，加入 100 ml 蒸馏水，在 80 W 功率下利用超声波处理 190 s，在 80℃温水浴中浸提 2 h，8000 r/min 离心 15 min 保留上清。重复 2 次，合并上清提取液。

3）脱色 在上清液中加入 1% 比例（V/m）的活性炭并混合均匀，静置 15 min 后过滤，得到脱色后的多糖提取液。

4）脱蛋白 将多糖提取液、三氯甲烷、正丁醇按 16:4:1 的比例，转入分液漏斗，充分振荡 20 min，静置分层。取上层溶液，4800 r/min 离心 15 min，去掉沉淀保留上清液。重复此步骤 3 次，最后合并保留上清液。

5）浓缩 将浸提液进行旋转蒸发，得到浓缩液。

6）醇沉 加入 3 倍体积 95% 乙醇，搅拌均匀，于 4℃醇沉过夜。4800 r/min 离心 5 min。离心所得沉淀依次用丙酮、无水乙醇和乙醚洗涤多糖，自然晾干即可得到粗多糖。

1.2 粗多糖的纯化

1）离子交换层析 利用 AKTA Explorer10 进行分离纯化。首先利用 DEAE-Sepharose Fast Flow 柱层析（2.6 cm × 20 cm）进行纯化。称取粗多糖 0.5 g，用约 400 ml 三蒸水溶解完全，经 0.45 μm 微孔滤膜过滤后上样。先用三蒸水洗脱两个柱体积，至基线平稳。然后用 2 mol/L 氯化钠溶液进行线性洗脱，流速为 1 ml/min，利用自动收集器收集，8 ml/管，紫外检测器在 210 nm 及 280 nm 处进行监测，同时结合苯酚硫酸法监测多糖流出部分，合并高峰部分进行进一步纯化。凝胶再生后用 20% 的乙醇进行洗脱保存，4℃冰箱存放。

2）凝胶过滤层析 利用 Superdex 200 柱（1.0 cm × 30 cm）进一步分离，通过上样环上样，上样量为 1 ml。用 0.15 mol/L 的氯化钠溶液洗脱，流速为 0.5 ml/min，自动收集器收集，0.3 ml/管，紫外检测器在 210 nm 及 280 nm 处进行监测，收集分离效果较好且峰形较大的多糖类组分，SephadexG-25 凝胶柱脱盐后，冷冻干燥，得到纯化的多糖组分。

2 多糖的鉴定

2.1 薄层层析分析单糖组成

取纯化后的食用菌多糖组分 8 mg，置于 10 ml 具塞试管中，加入 2 mol/L 的三氟乙酸（TFA）溶液 4 ml，封管，100℃水解 8 h。水解液真空干燥后，再加入 4 ml TFA 重复水解一次，冷却后加蒸馏水重复真空干燥至三氟乙酸挥发干净，最后用 0.4 ml

50% 乙腈溶解。

采用薄层层析分析测定单糖组成，展层剂是正丁醇∶乙酸乙酯∶异丙醇∶乙酸∶水∶吡啶（体积比为 35∶100∶60∶35∶30∶30）的混合物，显色剂苯胺-二苯胺-磷酸试剂（2% 苯胺丙酮溶液、2% 二苯胺丙酮溶液、85% 磷酸试剂按照 5∶5∶1 比例混合）。标准单糖对照品有 D-木糖 (Xyl)、D-半乳糖 (Gal)、L-岩藻糖 (Fuc)、D-葡萄糖 (Glc)、D-阿拉伯糖 (Ara)、L-鼠李糖 (Rha)、D-甘露糖 (Man)、D-果糖 (Fru)，浓度均为 0.5 mg/ml。

薄层板活化后点样、展层，上行至薄层板顶端 1 cm 处终止，均匀地喷上显色剂，置于 105℃烘箱内约 10 min。待单糖斑点较为明显时取出薄层板，用凝胶成像系统拍照。

2.2　红外光谱法鉴定

取充分干燥的食用菌多糖 2.0 mg，以 KBr 压片，在 4000～400 cm^{-1} 的范围内进行红外光谱扫描，记录红外光谱图。如果有如下特征吸收峰：3401 cm^{-1} 羟基伸缩振动峰、2919 cm^{-1} C—H 伸缩振动峰、1400～1200 cm^{-1} C—H 变角振动峰、1076 cm^{-1}（C—O）、在 900 cm^{-1} 处的吸收峰说明该多糖以 β-糖苷键连接。在 N—H 变角振动区 1650～1550 cm^{-1} 处有明显的蛋白质吸收峰，说明该样品是多糖蛋白质复合物。

3　多糖的分子量测定

选用 5 个已知分子量的多糖标准品（Dextran T10、T40、T70、T500、T2000），分别用三蒸水配制成 5 mg/ml 的标准溶液，各取 100 μl 注入 AKTA 柱层析系统 [Superdex 200 柱（1.0 cm×30 cm）]。用 0.15 mol/L 的氯化钠溶液洗脱，流速为 0.5 ml/min，洗脱液按每管 0.5 ml 分部收集。紫外检测器在 210 nm 及 280 nm 处进行监测。分别求得各标准品的洗脱体积 V_e。以 T2000 作为柱外水体积 V_0，以 V_e/V_0 为纵坐标，$\lg M_r$ 为横坐标作分子量标准曲线。

取待测样品 5 mg，溶于 1 ml 三蒸水，进样量 100 μl，洗脱条件同 Dextran 标准品，求得相应的洗脱体积，计算 V_e/V_0 值，通过回归方程计算得出多糖的分子量。

实验十五　小麦种子萌发前后淀粉酶活力的测定及其同工酶分析

【实验目的】

（1）掌握淀粉酶活力测定的方法。

（2）掌握比色法、电泳法分析酶活性的方法。

（3）了解小麦种子萌发前后淀粉酶活力的变化及意义。

【实验原理】

小麦种子中储存的糖类主要以淀粉的形式存在，在种子萌发的过程中，淀粉酶将淀粉水解，以蔗糖的形式运输到生长中的胚芽和胚根中，为种子呼吸作用提供基质，为胚根、胚芽生长及器官建造提供物质基础和能量来源。因此，淀粉酶在水稻种子萌发过程中有着不可或缺的作用。休眠种子的淀粉酶活力很弱，种子吸胀萌发后酶活力逐渐增强，并随着发芽天数的增加而增加。小麦中淀粉酶主要包括 α-淀粉酶和 β-淀粉酶，α-淀粉酶可以随机催化水解淀粉中的 α-1,4-糖苷键，生成糊精、麦芽寡糖、麦芽糖和葡萄糖等；而 β-淀粉酶从淀粉的非还原末端进行水解生成麦芽糖。麦芽糖具有还原性，能够将 3,5-二硝基水杨酸还原成棕色的 3-氨基-5-硝基水杨酸。因此，通过淀粉水解产物麦芽糖及其他还原糖的多少可界定淀粉酶的活力高低。在一定范围内，颜色深浅与淀粉水解产物的浓度成正比。本实验观察小麦种子萌发过程中淀粉酶的活力变化及其同工酶谱的变化。

【实验仪器】

可调式移液器或吸管、套筒式高速电动匀浆机、分析天平、恒温水浴锅、分光光度计、低温高速离心机、漩涡振荡器、恒温干燥培养箱、电磁炉、超声波清洗器。

【材料与试剂】

（1）种子发芽：取新鲜的小麦种子 30 粒，浸泡 2.5 h 后，放在潮湿的培养皿中加盖，置于 25℃的恒温干燥培养箱内或室温下发芽。发芽隔天进行一次。

（2）标准麦芽糖溶液：准确称取麦芽糖 100 mg，用少量蒸馏水溶解后定容至 100 ml，保存在 4℃的冰箱中以免变质。

（3）0.02 mol/L pH 6.9 PB：67.5 ml 0.2 mol/L 的 K_2HPO_4 与 82.5 ml 0.2 mol/L 的 KH_2PO_4 混合，稀释 10 倍待用。

（4）10 g/L 淀粉：称取 1 g 淀粉、0.392 g NaCl，用 100 ml 0.02 mol/L pH 6.9 的 PB 溶解，煮沸 2～3 min，用蒸馏水补足体积定容到 100 ml，保存在 4℃的冰箱中以免变质。

（5）10 g/L 3,5-二硝基水杨酸：称取 1g 3,5-二硝基水杨酸，溶于 20 ml 2 mol/L NaOH 溶液和 50 ml 蒸馏水中，再加入 30 g 酒石酸钾钠，定容至 100 ml，若溶液浑浊，过滤使用。

（6）10 g/L NaCl：称取 1.0 g NaCl，用蒸馏水溶解并定容到 100 ml。

（7）0.2 mol/L pH 7.5 的 PBS：取 84.0 ml 0.2 mol/L Na_2HPO_4 与 16.0 ml 0.2 mol/L NaH_2PO_4 混合。

（8）pH 5.2 乙酸缓冲液：取 0.2 mol/L 的乙酸缓冲液 210 ml 和 0.2 mol/L 的乙酸钠缓冲液 790 ml 混合。

（9）5 mmol/L KI-I$_2$：称取 0.6458 g I$_2$ 和 1.75 g KI，用蒸馏水溶解并定容到 1000 ml，贮于棕色瓶中。

【实验步骤】

1　酶液的提取

取浸泡2.5 h的种子15粒及发芽第2、4、6天的幼苗各15株，置于研钵，加入少量石英砂、10 g/L 氯化钠溶液 10 ml，研磨成匀浆，室温下放置 15 min，偶尔搅动，充分提取。将匀浆加入离心管，4500 r/min 离心 10 min，将上清液定容至 50 ml，即为淀粉酶提取液。

2　酶活力的测定

取干燥洁净的 25 ml 刻度试管 6 支，按表 15-1 加样操作。

表 15-1　种子发芽前后淀粉酶活力的测定加样表　　（单位：ml）

项目	空白管	标准管	种子	第2天幼苗	第4天幼苗	第6天幼苗
酶提取液	—	—	0.5	0.5	0.5	0.5
标准麦芽糖溶液	—	0.5	—	—	—	—
淀粉溶液	1.0	1.0	1.0	1.0	1.0	1.0
蒸馏水	0.5	—	—	—	—	—
			25℃水浴保温 5 min			
3,5-二硝基水杨酸	2.0	2.0	2.0	2.0	2.0	2.0

取出各试管，放入沸水浴 5 min，冷却后，加水定容到 25 ml；将各管充分混匀，在 500 nm 处用空白管调零测定其他各管的吸光度值。

3　酶活力的规定与计算

本法规定：酶在 25℃时 5 min 内水解淀粉释放 1 mg 麦芽糖所需酶量作为一个活力单位。溶液中麦芽糖浓度与吸光度值成正比关系，即

$$\frac{A_{标准}}{A_{提取液}} = \frac{C_{标准}}{C_{提取液}}$$

式中，A 为吸光度值；C 为麦芽糖的浓度（mg/ml）。

由此可以得出：

提取液中麦芽糖的浓度 $C_{提取液} = \dfrac{A_{提取液} \times C_{标准}}{A_{标准}}$

因此，淀粉酶总活力

$$U = C \times N \times V$$

式中，C 为提取液中麦芽糖的浓度（mg/ml）；N 为稀释倍数；V 为提取液总体积（ml）。

4　同工酶分析

4.1　酶液制备

取浸泡 2.5 h 的种子及发芽第 2、4、6 天的幼苗各 1.0 g，加入 5 ml pH 7.5 的 PBS，冰浴研磨制成 10% 的匀浆，8000 r/min 下离心 10 min，上清液即为淀粉酶提取液。

4.2　电泳

采用不连续垂直板聚丙烯酰胺凝胶电泳（详见实验十一），分离胶浓度为 10%，浓缩胶浓度为 4%，每孔加样 20 μl。样品配制：酶提取液∶40% 甘油∶溴酚蓝 =30∶10∶1。电极缓冲液为 pH 8.3 Tris-甘氨酸溶液，在 4℃电泳，当溴酚蓝至分离胶前沿 1～2 cm 时停止电泳。

4.3　染色

将凝胶在 1% 淀粉溶液中浸泡 1 h。待淀粉被胶板吸收后，用 pH 5.0 的乙酸缓冲液冲洗多余的淀粉，再用乙酸缓冲液于 37℃浸泡 1 h。吸掉缓冲液后将凝胶浸入 0.005 mol/L KI-I$_2$ 溶液中显色，至蓝色背景下透明条带出现为止，用蒸馏水漂洗 2 次后拍照，分析同工酶酶谱。

实验十六　植物精油的提取及气相色谱分析

【实验目的】

（1）掌握植物精油提取及分析的常用方法。

（2）掌握气相色谱的使用方法。

【实验原理】

精油，也称挥发油，由分子量相对较小的简单化合物组成，具有一定芳香气味，挥发性较强，是植物体内的次生代谢物质。植物精油可分为萜烯类衍生物、芳香族化合物、脂肪族化合物、含氮和含硫化合物四大类。精油是天然香精、香料的重要组成部分，此外，植物精油还具有祛痰、止咳、平喘、健胃、解热、镇痛、抗菌消炎、抗氧化及生理和药理作用，是天然防腐剂及抗氧化剂的重要来源之一，在医药保健、抗菌消炎、害虫防治等方面具有广泛的应用。

【实验仪器】

微型植物粉碎机、套筒式高速电动匀浆机、旋转蒸发器、电子分析天平、漩涡振荡器、循环水式多用真空泵、GC-MS：HP-5 色谱柱 (30 cm × 0.25 mm × 0.25 μm)。

【材料与试剂】

（1）石油醚（沸程 60～90℃，分析纯）。
（2）二氯甲烷。
（3）高纯氦气。

【实验步骤】

1　植物精油的提取工艺流程

香料 → 称取适量 → 加入适量溶剂 → 提取 → 提取液旋转蒸发 → 回收溶剂 → 精油吹干 → 称重 → 计算提取率 → 保存。

2　植物精油的提取

1）索式提取法　称取八角（或花椒、肉桂）20 g，滤纸包好后装进索氏提取器的浸提筒内，加入纯石油醚 160 ml 为溶剂，恒温油浴 110℃，索氏提取 3 h。提取结束后待石油醚完全流入烧瓶时，取下烧瓶，得提取液，40℃水浴旋转蒸发回收溶剂，取下旋蒸瓶，称其总质量，计算提取率，最后用无水乙醇溶解精油，得精油储备液并保存在密闭的棕色瓶中。

2）水蒸气蒸馏法　准确称取 200 g 玫瑰粉末（或薰衣草、迷迭香等），装入蒸馏瓶中，加入等质量 90℃热水，浸润 20 min，封口。在 90℃的水浴下，蒸馏 3 h。收集到露水，用二氯甲烷萃取 20 min。静置 30 min 后分离获得，干燥处理，用蒸发仪蒸发溶剂直至不再流出。得到精油，密封保存于棕色瓶中。

3　GC-MS 成分分析及鉴定

1）气相色谱条件　①色谱柱：HP-5(30 cm × 0.25 mm × 0.25 μm)。②载气：高纯氦气。③流量：1 ml/min。④分流比：10∶1。⑤进样量：1 μl。⑥升温：50℃保持 2 min，以 5℃/min 的速率升至 220℃，保持 10 min。⑦气化室温度：200℃。⑧溶剂延迟 3 min。

2）质谱条件　①接口温度：180℃。②检测电压：1.0 kV。③电离势能：70 eV。④电离方式：EI。⑤测定方式：全扫描。⑥扫描范围：30～50 m/z。⑦扫描速度：500 amu/m。⑧溶剂切除时间：4 min。

参考表 16-1 确定精油的成分。

表 16-1 某植物精油成分对应表

序号	化学式	摩尔质量（g/mol）
1	$C_5H_{10}O$	86
2	$C_5H_8O_2$	100
3	$C_5H_8O_2$	100
4	$C_5H_8O_2$	100
5	$C_5H_8O_2$	100
6	C_7H_6O	106
7	C_7H_8O	108
8	C_8H_6NO	133
9	$C_8H_6O_2$	134
10	$C_9H_{14}O$	134
11	$C_8H_{16}O_2$	144
12	$C_9H_{10}O_2$	150
13	$C_9H_{10}O_2$	150
14	$C_9H_{10}O_2$	150
15	$C_5H_9BrO_2$	180
16	$C_{14}H_{14}O_2$	214
17	$C_{12}H_{14}O_4$	222
18	$C_9H_{15}BrO_2$	234
19	$C_{13}H_{16}O_4$	236
20	$C_{15}H_{20}O_4$	264
21	$C_{16}H_{22}O_4$	278
22	$C_{16}H_{22}O_4$	278
23	$C_{18}H_{26}O_4$	306
24	$C_{18}H_{17}N_3O_7$	387

实验十七 蛋白酶的提取、性质研究及活性测定

【实验目的】

（1）系统学习和掌握蛋白质分离纯化的原理及实验技术。

（2）熟练掌握盐析、透析、含量测定、分子量测定、蛋白酶活性测定的实验原理及操作技术。

（3）掌握酶活力、比活力、回收率、纯化倍数的概念及测定方法。

【实验原理】

本实验共有 8 个分实验，涵盖了酶分离纯化、鉴定及其酶促反应动力学的研究内容。

（1）蛋白酶的提取及部分纯化——盐析法。

（2）离子交换层析纯化蛋白酶。

（3）透析与浓缩。

（4）分离产物的活力、含量的测定（比活力、回收率、纯化倍数）。

（5）SDS-PAGE 测定蛋白酶的分子量。

（6）反应温度、pH 对酶活力的影响。

（7）底物浓度对酶活力的影响及米氏常数（K_m）的确定。

（8）蛋白酶的激活与抑制。

【实验方案的设计与安排】

1 实验方案的确定

指导教师介绍课题背景、研究现状及研究意义，学生查阅文献了解该研究领域的概况。根据具体情况，学生自主选择实验材料，学习小组共同确定翔实的实验方案，经指导教师审阅后开展实验。

2 实验过程

根据实验室要求和规定，完成实验项目。

3 实验报告及评价

按照论文的形式撰写实验报告，检查实验方案、实验记录，尤其是实验过程中遇到的问题及解决办法，附录包括翔实的实验过程、实验技术的使用规范等。

4 建议

（1）设计性实验可以与大学生创新实践活动相结合，也可以与教师的科研项目相结合。

（2）可以参考实验六、实验十二、实验十五中相应的实验技术流程。

实验十八　操作考试

实验 18-1　植物组织内过氧化物酶 (POD) 活性的测定

【实验目的】
考查学生对实验技能的掌握情况和熟练程度。

【实验原理】
过氧化物酶广泛存在于植物的各个组织器官中。在有过氧化氢存在的条件下，过氧化物酶可以使愈创木酚氧化，产生茶褐色物质，在 470 nm 处有最大吸收峰，可根据单位时间内 A_{470} 的变化值，计算 POD 活性大小。

【实验仪器】
可调式移液器、电动玻璃匀浆机、高速离心机、分光光度计、电子天平。

【材料与试剂】
（1）小麦幼苗。

（2）0.02 mol/L KH_2PO_4：称取 2.72 g KH_2PO_4，用蒸馏水溶解并定容到 1000 ml。

（3）0.2 mol/L PB（pH 7.6）：量取 870 ml 0.2 mol/L Na_2HPO_4 与 130 ml 0.2 mol/L NaH_2PO_4 混合。

（4）反应液：取 0.2 mol/L PB 50 ml，加入愈创木酚 28 μl，加热搅拌至愈创木酚完全溶解；待溶液冷却后加入 30% H_2O_2 19 μl 混合均匀，保存于冰箱中备用。

【实验步骤】

1　酶液制备

取 1.0 g 植物叶片剪碎，置入研钵或玻璃匀浆杯中，加入预冷的 5 ml 0.02 mol/L KH_2PO_4 溶液进行冰浴、研磨、提取。匀浆液 10 000 r/min 低温离心 15 min，上清液即为粗酶液，定容到 50 ml 供测定使用。

2　酶活性测定

取光程为 1 cm 的玻璃比色杯，按表 18-1 加样。

表 18-1　植物组织内过氧化物酶 (POD) 活性的测定加样表　（单位：ml）

项目	空白管	样品管
反应液	3.0	3.0
KH_2PO_4 溶液	1.0	—
粗酶液	—	1.0

样品管中加入酶液后立即在 470 nm 波长处进行比色，并同

时开始计时。记录起始吸光度值，然后每隔 1 min 记录一次吸光度值，共测定 3 min。

3　计算

以每分钟 ΔA_{470} 变化 0.01 为一个相对酶活单位，计算植物组织内过氧化物酶酶活力的大小（单位为 U/g FW）。

实验 18-2　植物组织中可溶性蛋白质含量测定

【实验目的】
考查学生对实验技能的掌握情况和熟练程度。

【实验仪器】
可调式移液器或刻度移液管、电动玻璃匀浆机、高速离心机、分光光度计、电子天平。

【材料与试剂】
（1）小麦幼苗。

（2）0.02 mol/L KH_2PO_4：称取 2.72 g KH_2PO_4，用蒸馏水溶解并定容到 1000 ml。

（3）100 μg/ml BSA：准确称取 10 mg 的牛血清白蛋白（BSA），溶于蒸馏水并定容到 100 ml，配成 100 μg/ml 的标准蛋白溶液。

（4）考马斯亮蓝 G-250：称取 100 mg 考马斯亮蓝 G-250 溶于 50 ml 90% 乙醇中，加入 100 ml 85% 浓磷酸，最后用蒸馏水定容至 1000 ml，过滤后使用。此溶液在常温下可放置一个月。

【实验步骤】

1　样液制备

取 1.0 g 植物叶片剪碎，置入玻璃匀浆杯中，加入 0.02 mol/L KH_2PO_4 溶液 5 ml 匀浆，8000 r/min 离心 5 min，上清液定容至 50 ml 即为样品液。

取 1 ml 待测样品液，定容至 10 ml 即为测定样液。

2　含量测定

取 4 支干燥洁净的试管，按表 18-2 加样并充分混合，放置 2 min，于 595 nm 波长下，用 0 号管调零后测量，记录吸光度值。

试管编号	0	1	2	3
待测样液	—	1.0	1.0	1.0
蒸馏水	1.0	—	—	—
考马斯亮蓝 G-250 溶液	4.0	4.0	4.0	4.0

表 18-2　样品中可溶性蛋白质含量测定　（单位：ml）

3　结果计算

根据给定的回归方程计算出样液中蛋白质的含量。

主要参考文献

陈钧辉, 陶力, 李俊, 等, 2003. 生物化学实验. 3 版. 北京: 科学出版社

高继国, 郭春绒, 2014. 普通生物化学教程实验指导. 北京: 化学工业出版社

高群, 2014. 基础生物化学实验. 北京: 高等教育出版社

祁元明, 2011. 生物化学实验原理与技术. 北京: 化学工业出版社

田英, 2016. 生物化学实验与技术. 北京: 科学出版社

余冰宾, 2004. 生物化学实验指导. 北京: 清华大学出版社

张桦, 2014. 生物化学实验指导. 北京: 中国农业大学出版社

张龙翔, 张庭芳, 李令媛, 等, 1997. 生化实验方法与技术. 北京: 高等教育出版社

周楠迪, 史锋, 田亚平, 2011. 生物化学实验指导. 北京: 高等教育出版社

附　　录

附录一　实验室常用仪器使用指南

指南一　Biofuge stratos 台式全能高速冷冻离心机使用指南

1　仪器简介

以 Biofuge stratos 台式全能高速冷冻离心机为例，其适合于常规及低温冷却样品的离心分离，可适配角转子、水平转子、区带转子和垂直转子等多种不同容量及用途的转子。目前机器配有三种角转子：① # 3331，24 × 1.5 ml（Rmax，32 000 r/min，24 × 1.5 g）；② # 3057，6 × 40 ml（Rmax，8500 r/min，6 × 130 g）；③ # 3335，8 × 40 ml（Rmax，20 500 r/min，8 × 80 g）。

2　按键及其功能

离心机整机、操作面板见附图 1 和附图 2。操作按键及显示屏分区排布，自左向右依次为以下几个区。

1）程序控制区　选择调用已储存的控制程序，按压 键，与其他各区调节按键配合使用可以设置并储存新程序。

2）启动级别控制区　控制离心机的启动速度。级别为 1~9，数字越大，启动速度越快，可以通过按压▲键循环设置。

3）刹车级别控制区　控制离心机的刹车速度。级别为 0~9，数字越大，刹车速度越快，可以通过按压▲键循环设置。

附图 1　Biofuge stratos 高速冷冻离心机外形

附图 2　Biofuge stratos 高速冷冻离心机操作面板

4）转速预设、显示区　进行离心转速（相对离心力）的预设置和显示，通过按压▲ / ▼键可以设置转速。按压⇄键可以在 r/min 和 rcf 两种显示模式间进行切换。

5）时间预设、显示区　进行离心时间的预设置和显示。通过按压▲ / ▼键可以设置离心时间。

6）温度预设、显示区　通过按压▲ / ▼键可以设置离心室内部要求达到的温度。

7）一般控制区　▶▶键：点动键，用于短时间离心，按下此键离心机运转，松开键则停止运转。▢键：按压此键可以打开离心机室的舱盖。▶键：各离心参数设置完毕后，按压此键可以启动离心机。■键：离心机运转状态下，按压此键可以使离心机紧急停止。

3　操作程序

1）开机　接通电源后从机器左侧面下角处打开电源开关，各显示屏被点亮，同时机器进行自检，自检结束后各显示屏显示上次预设的参数和实际数值。

2）检查及更换转子　轻按▢键打开离心室的舱盖，检查转子是否合适，如需更换需要使用专用工具进行卸载和安装，要锁紧固定转子的螺丝。

3）预冷 / 热　程序控制区按压▲键，选择"P"模式，输入所需要温度，按▶键运行，离心机自动按照设置的温度、转速进行预冷 / 热，此过程大约需要 30 min。

4）放入样品　按压▢键打开离心室舱盖，将配平后的样品对称放置在离心桶内，旋紧转子盖，合上离心室舱盖，机器会自动锁紧舱盖。

5）设置离心参数　按照需要在不同设置区设置好启动速度、刹车速度、转速、离心时间和离心温度。启动速度一般设为 8～9，刹车速度一般设为 4～5，转速不能超过该转子的最高转速。

6）离心　轻按▶键，离心机启动，当达到要求的转速（或相对离心力）后，机器开始自动倒计时，当时间显示为零时离心机停止转动。

7）离心结束　当转子停止后，轻按▢键，离心室舱盖被打开，取出离心后样品。

8）清理　常温离心结束后，擦净离心室内的污物，就可以锁紧离心室舱盖；低温离心后，应用干布擦净离心室内壁上的冷凝水，舱盖打开至内壁变干为止。关闭离心室舱盖，关闭电源，拔下离心机电源线，填写使用记录。

4　注意事项

（1）机器安放应远离腐蚀性物品和震动环境，以及温度和湿度变化大的地方，应放置在牢固的水平台架上（必要时可使用水平指示器进行检查和调节），以防造成不必要的损坏。

（2）更换转子需用专用工具，应锁紧固定转子的螺丝，必要时请管理人员操作。

（3）离心管的装液量不要超过体积的 2/3，离心管务必要"两两"严格配平，且对称放置。严禁目测液面高度进行配平。

（4）低温离心时需要启动预冷程序，待离心腔内温度降到所需温度后再进行离心。预冷时必须启动转子以免转轴与轴套因润滑问题造成过度磨损。预冷后不要随意打开离心室的舱盖。

（5）使用时不要遮挡离心机的通风口，尤其是长时间的离心，以防内部温度过高烧毁电机，也不要在离心室舱盖上放置杂物。

（6）离心过程中如果发生离心管破裂等意外情况，应立即按下■停止键，使离心机紧急制动，然后打开舱盖进行相应处理。严禁直接拔掉电源。

（7）使用角转子离心时尽量使用有密封盖的离心管，以防离心时样品溅出。腐蚀性、高挥发性的样品必须使用有密封盖的离心管。

（8）离心机启动速度可以设置稍高一些，一般情况下"7"就可以满足实验需要，刹车速度不要设置过高，设置"4～5"较为合适，刹车过快会扰动沉淀。

（9）如出现故障，立即通知指导老师处理。

指南二　Hermle Z323K 台式高速冷冻离心机使用指南

1　仪器简介

以 Hermle Z323K 台式高速冷冻离心机为例，其适合于常规及需要低温冷却样品的离心分离，可适配角转子、水平转子、区带转子和垂直转子等多种不同容量及用途的转子。目前机器配有两种转子：① # 220.72V04，24 × 1.5 ml（角转子，Rmax，17 000 r/min，24 × 1.5 g）；② # 220.87 V01，4 × 100 ml（水平转子，Rmax，5000 r/min，4 × 460 g）。

2　按键及其功能

离心机整机和操作面板见附图 3 和附图 4。操作旋钮、按键及显示屏分区排布。

1）转速设置及显示区（speed） 进行离心转速（相对离心力）的预设置和显示。转动左侧钮进行转速（500 r/min）的粗调节；转动右侧钮进行转速（10 r/min）细调节，在右侧小屏幕显示；实际转速在左侧大屏幕显示。

附图 3　Hermle Z323K 高速冷冻离心机外形　　　附图 4　Hermle Z323K 高速冷冻离心机操作面板

按压 speed /rcf 键，显示模式在 r/min 和 rcf 间进行切换。

2）时间设置及显示区（time） 进行离心时间的预设置和显示，转动旋钮可以调节预设的时间。按压 time /radius 键，在 min - sec 和 cm 两种模式间切换。

3）刹车设置及显示区（brake） 可以控制离心机的刹车速度。级别为 0～9，数字越大，刹车速度越快，一般设置为 4～5 较合适。

4）程序编辑及调用区（program memory） 对已有的离心程序进行编辑、储存和调用，该机器可以存储 10 个离心程序。按压 up/down 键可以选择和编辑相应的离心程序，程序号在转速显示屏左侧显示。调节各控制区的旋钮可输入相应的离心参数，确认后按压 store 键可完成程序的编辑和确认，使用时通过 up/down 键找到相应的程序编号后，直接按压 start 键即可完成相应的离心。

5）温度设置及显示区（temperature） 对离心室内部温度进行预设置和显示，转动旋钮可以调节预设的温度。

6）一般控制区 quick 键：点动键用于短时间离心，按下此键离心机运转，松开此键则停止运转。lid 键：按压此键可以使锁紧的离心机室舱盖打开。start 键：各参数设置完毕后，按压此键启动离心机。stop 键：离心机运转状态下，按压此键使离心机紧急刹车停止运转。

3 操作程序

1）开机、检查和更换转子 同前文的台式全能高速冷冻离心机。

2）预冷/热 通过各控制区旋钮分别设置时间、转速和温度，按 start 键启动机器，待显示温度为设定温度时，按 stop 键使机器停止，或任其倒计时结束自动停止。

3）预设 将需要的参数通过各旋钮输入机器。机器具有转子自动识别功能。注意预设的转速不要超出转子的最高转速，否则机器不能被启动。

4）放置样品 按压 lid 键打开离心室舱盖，将配平后的样品按对称方式放入离心桶内，按压离心室舱盖，机器会自动锁紧舱盖。

5）离心 轻按 start 键，离心机会被启动，当达到设定转速（或相对离心力）后，机器开始自动倒计时，时间显示为零时离心机自动刹车停止转动。

6）结束 当转子停止后，轻按 lid 键，离心室舱盖打开，取出样品。

7）清理 清理离心室后锁紧离心室舱盖，关闭电源，填写使用记录。

4 注意事项

注意事项同指南一。

指南三　Thermo Fisher Sorvall ST16R 高性能通用台式冷冻离心机使用指南

1 仪器简介

以 Thermo Fisher Sorvall ST16R 高性能通用台式冷冻离心机为例，其适合于常规及需要低温冷却样品的离心分离，可适配角转子、水平转子、区带转子和垂直转子等多种不同容量及用途的转子。目前机器配有 6 × 100 ml（Rmax，15 000 r/min）角转子；配有 50 ml、15 ml 套筒；4 × 400 ml（Rmax，5000 r/min）水平转子；30 × 1.5/2 ml（Rmax，15 200 r/min）角转子。

2　按键及其功能

离心机整机和操作面板见附图 5、附图 6。操作按键及显示屏分区排布。自左向右依次为以下几个区。

1）程序设置区　选择调用已储存控制程序，按压数字键，与其他各区调节按键配合可以调用或设置并储存新程序。

2）转速预设、显示区　进行离心转速（相对离心力）的预设置和显示，通过按压▲/▼键可以增减转速数值。机器运行后按压◇键，显示模式在 r/min（转速）和 × g（相对离心力）两者间进行切换。雪花键❄是机器预冷键，按压此键使机器进入预冷模式。

附图 5　ST16R 高速冷冻离心机外形

附图 6　ST16R 高速冷冻离心机操作面板

3）时间预设、显示区　进行离心时间的预设置和显示。通过按压▲/▼键可以增减设置的时间。

4）温度预设、显示区　通过按压▲/▼键设置离心时离心腔内的温度。

5）启动速度设置区　控制离心机转子的启动速度。级别为 1～9，数字越大，启动速度越快，可以通过按压▲键循环设置，建议启动速度设为 8～9。

6）刹车速度设置区　控制离心机转子的刹车速度。级别为 0～9，数字越大，刹车速度越快，通过按压▲键循环设置。一般设置为 4～5。

7）一般控制区　PULSE 键：点动键，按压此键离心机运转至最高转速，松开此键则离心停止。OPEN 键：门锁键，按压此键，使关闭的离心机室舱盖打开。START 键：启动键，离心参数设置完毕后，按压此键启动离心机。STOP 键：停止键，离心机运转状态下，按压此键使离心机紧急停止。

3　操作程序

1）开机、检查和更换转子　同前文的台式全能高速冷冻离心机。

2）预冷　按雪花键进入预冷模式，设定所需温度，无须设定时间和转速，按

START 键启动机器。待显示温度为设定温度时，按压 STOP 键使机器停止，或任其倒计时结束自动停止。

3）设置离心参数　通过按压▼/▲键将需要的转速、温度和时间等参数输入机器。预设的转速不要超出转子最高转速。低温离心设置为 4℃，常温离心设置为 25℃左右。

4）放置样品　按压 OPEN 键，打开离心室舱盖，将配平后的样品按对称方式放入离心桶内，关闭离心机舱盖并锁紧。

5）启动离心　轻按 START 键，离心机启动，当达到预设转速后，机器开始自动倒计时，当时间显示为零时离心机自动刹车停止转动。

6）结束　当转子停止转动后，打开舱盖，取出样品。

7）清理　离心结束后擦净离心舱内的污物，打开转子盖和离心室舱盖使内部风干。关闭机器电源，填写使用记录。

4　注意事项

注意事项同指南一。

指南四　湘仪 H1850R 台式高速冷冻离心机使用指南

1　仪器简介

以湘仪 H1850R 台式高速冷冻离心机为例，其适合于常规及需要低温冷却样品的离心分离。机器配有 6 × 50 ml（Rmax，12 000 r/min）角转子。

2　按键及其功能

离心机整机、显示屏和操作面板见附图 7～附图 9。

附图 7　湘仪 H1850R 高速冷冻离心机外形

附图 8　湘仪 H1850R 高速冷冻离心机显示屏

离心机所有的工作参数均在显示屏上进行输入和显示，显示屏分区显示，上下分成三排。

第一排自左到右分别为转速预设区（SPEED）、时间预设区（TIME）和温度预设区（TEMP）。

第二排自左向右分别为转速显示区、时间显示区和温度显示区。

第三排自左向右为转子选择区、启动级别控制区（ACC）、刹车级别控制区（DEC）、相对离心力显示区（RCF）和程序编控区。

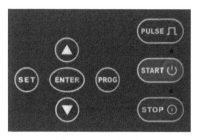

附图 9　湘仪 H1850R 功能按键操控区

面板右侧部分是功能键操控区（附图 9）。

SET 键：按压此键时显示屏上对应的数字会闪动，此时可以进行参数的修改和设定。按动此键依次可修改 SPEED → TIME → TEMP → ACC → DEC →转子选择区的参数。

▲ / ▼键：显示屏数字闪动时，按动此键增减数值，完成参数的设置。

ENTER 键：确认键，所有参数设置结束后按下此键，参数会被确认，启动机器后按照设定参数完成离心。参数设置结束后若不按下此键，设定的参数无效。

PROG 键：程序控制键，与其他各按键配合使用可以调用设置好的程序或储存新程序。

PULSE 键：点动键，用于短时间离心。当按下此键时离心机运转，松开此键时离心机停止运转。

START 键：启动键，各离心参数设置完毕后，按压此键启动离心机。

STOP 键：停止 / 开门键，离心机运转状态下按压此键使离心机紧急停止。非工作情况下按压此键可以打开离心舱盖。

3　操作程序

1）开机　连通电源，打开机器的电源开关（扳至"ON"位），显示屏被点亮，同时机器会进行自检，自检结束后各显示屏会显示上次设定的参数值。

2）检查及更换转子　待自检结束，按压 STOP 键打开离心机舱盖，清理离心管腔内异物，旋紧转子，盖好转子盖。

3）预冷　低温离心时需要预冷。预冷时设定好所需温度，时间设定为 30 min，转速设定为 1250 r/min 左右，按 START 键开始预冷。

4）预设　通过按压 SET 键和▼ / ▲键将需要的转速、温度和时间等参数输入机器。注意预设的转速不要超出转子的最高转速。

5）放置样品　打开离心室舱盖，将配平后的样品按对称方式放入离心桶里，放下舱盖并锁紧。

6）启动离心　轻按 START 键，离心机启动，机器自动倒计时至时间显示为零，离心机自动刹车停止转动。

7）结束　当转子停止转动后，按压 START 键打开离心舱盖，取出样品。

8）清理　离心结束后，擦净离心舱内的污物，转子盖和离心室舱盖保持打开状态，使内部风干。关闭离心机电源，填写使用记录。

4　注意事项

注意事项同指南一。

指南五　时代北利 GTR16-2 台式高速冷冻离心机使用指南

1　仪器简介

以时代北利 GTR16-2 台式高速冷冻离心机为例，其适合于常规及需要低温冷却样品的离心分离。机器配有 12 × 1.5 ml 角转子（编号 2，Rmax 1300 r/min）；6 × 40 ml 角转子（编号 5，Rmax 12 000 r/min）。可以进行转速和相对离心力两种读取模式的切换；可以调节离心舱内的温度；可以设定离心时间等。

2　按键及其功能

离心机整机、显示屏和操作面板见附图 10 和附图 11。

附图 10　GTR16-2 高速冷冻离心机外形　　　附图 11　GTR16-2 高速冷冻离心机显示屏

离心机所有的工作参数均在显示屏（附图 11）上进行输入和显示，显示屏分区显示，自左到右分别是转子选择区（ROTOR）、转速预设区（SPEED）、温度预设区（TEMP）和时间预设区（TIME）。

面板下部是功能键操控区（附图 11）。

PRESET 键：按压此键时显示屏上对应数字会闪动，此时这个参数就可以进行修改设定。按动此键依次可设置修改 ROTOR → SPEED → TEMP → TIME 的参数。

▲ / ▼键：可以在显示屏数字闪动时增减数值，完成参数的设置。

SET 键：确认键，所有参数设置结束后按下此键，参数会被录入确认，启动机器后按照设定参数完成离心。参数设置结束后若不按下此键，设定的参数无效。

SPEED/RCF 键：转速 / 相对离心力转换键，按压此键 SPEED 显示屏可以在"转速"和"相对离心力"两种显示模式间切换。

START 键：启动键，在各参数设置完毕后，按压此键启动离心机。

STOP 键：停止 / 开门键，离心机运转状态下，按压此键后离心机紧急停止。非工作情况下按压此键可以打开离心舱盖。

3　操作程序

1）开机　电源接通后打开电源开关（扳至"ON"位），显示屏被点亮，同时机器会进行自检，自检结束后各显示屏会显示上次设定的参数值。

2）检查及更换转子　待机器自检结束，按压 STOP 键打开离心机舱盖，清理离心管腔内异物，并旋紧转子盖好转子盖。

3）预冷　低温离心时需要进行预冷。预冷时设定好所需温度，时间设定为 30 min，转速一般设定为 1250 r/min 左右，按 START 键开始预冷。

4）预设　通过按压 PRESET 键和 ▼ / ▲ 键将需要的转子编号、转速、温度和时间等参数输入机器。注意预设的转速不要超出转子的最高转速。

5）放置样品　按压 START 键，打开离心室舱盖，将配平后的样品按对称方式放入离心桶内，放下舱盖并锁紧。

6）启动离心　轻按 START 键，离心机启动，机器自动倒计时至时间为零时离心机自动停止转动。

7）取出样品　当转子停止转动后，按压 START 键打开离心舱盖，取出样品。

8）清理　离心结束后，擦净离心室内的污物，打开转子盖和离心室舱盖使内部风干。关闭离心机电源，填写使用记录。

4　注意事项

注意事项同指南一。

指南六　光谱 723 型可见分光光度计、752 型紫外–可见分光光度计使用指南
（只介绍常用的"吸光度直接测量模式"使用方法）

1　仪器简介

以光谱 723 型可见分光光度计、752 型紫外–可见分光光度计为例，其可以利用物质对不同波长的光具有选择吸收的特性进行定量和定性分析，具有透射比模式（T）、吸光度模式（A）和浓度直读模式（C）三种检测模式。

2　按键及其功能

仪器外形见附图 12，按键见附图 13。

MODE 键：模式键，按压此键可在 T、A、C 三种模式之间进行切换。

附图 12 光谱 723 型可见分光光度计、
752 型紫外 – 可见分光光度计外形

附图 13 光谱 723 型可见分光光度计、
752 型紫外 – 可见分光光度计面板

▲/▼键：波长调节键，按压▲键波长增大，按压▼键波长减小。

100%T 键：也叫调满度键，用于调节 100% 透射比（T 值）或 0.000 吸光度（A 值）。

ENT 键：确认键，用于确认所设置的各种参数或仪器功能。

P/C 键：打印 / 清除键，当仪器处于测量状态时，按压此键将测量数据输出至打印机，也用于清除设置的参数和仪器功能。

推拉杆：推拉比色池内的样品架，使之处于光路正中（附图 14）。

附图 14 推拉杆各挡位图示

3 操作程序

1）开机　打开电源开关，预热仪器 30 min。开机后机器进入自检状态，自检结束后波长自动停止在 546 nm 波长处，测定方法自动设定为透射比状态（% T）。

2）设置波长　按▲/▼键选定所需波长。

3）调试机器　波长设定后重新调节机器的 100%T 和 0%T。调节 100%T 时直接按 100%T 键，机器自动调节 100%T。调节 0%T 时推动拉杆至第一挡位，然后按压 0%T 键，机器自动调节 0%T。

4）放置样品　把参比液和样品液装入洁净的比色皿，打开比色舱盖，把比色皿依次放入比色架上（一般情况下参比溶液放在样品架第一个槽位），透光面对准测量光路，轻轻合上比色舱盖。

5）调零　将参比溶液推入光路中按 100%T 键调零（即透光率为 100%，则 A 值为零）。

6）设置测量模式　按 MODE 键将测试方式设定为 "A"，即吸光度模式。

7）测量样品　将待测液推入光路，显示的数值稳定后再读取。若同一个样品需要在不同波长下测量 A 值时，直接按压▲/▼键改变波长，但改变波长后必须重新调零。

8）结束　仪器使用完毕，取出比色皿，洗净、晾干。关闭电源开关，填写使用记录。

4 注意事项

（1）开机后待自检结束后再按键，至少预热 15 min 后方可使用。

（2）测试波长在 340～1000 nm 范围内使用可见分光光度计，配套使用玻璃比色皿；测试波长在 190～340 nm 范围内使用紫外-可见分光光度计，配套使用石英比色皿。

（3）比色皿应仔细清洗，使用擦镜纸擦拭比色皿，保证其光面的透光度。

（4）比色皿中待测液体不少于 2/3，太少将影响检测的精度，也不要太满溢出污染比色室。

（5）测量时应注意推拉杆的挡位，使待测比色皿完全处于光路中。

（6）仪器上的其他按键一般不使用，不要按下以防造成机器工作失常。

指南七　舜宇 723 型可见分光光度计、752 型紫外 – 可见分光光度计使用指南

（仅介绍常用的"吸光度直接测量模式"使用方法）

1　仪器简介

以舜宇 723 型可见分光光度计、752 型紫外 – 可见分光光度计为例，其可以利用物质对不同波长光的选择吸收性现象对物质进行定量和定性分析。具有透射比模式（T）、吸光度模式（A）和浓度直读模式（C）三种检测模式。

2　按键及其功能

仪器外形见附图 15，主页面见附图 16。

附图 15　舜宇 723 型可见分光光度计、752 型　　　附图 16　舜宇 723 型可见分光光度计、752 型
　　紫外 – 可见分光光度计外形　　　　　　　　　紫外 – 可见分光光度计主页面

该机器显示屏为触摸屏，所有工作参数均在触摸屏上进行设置。

100%/OA 键：自动调零键，用于自动调节 100% 透射比（T 值）或 0.000 吸光度（A 值）。

移动波长键：按压此键可进入波长设置界面，设置时点击相应的数字键，最后点击界面上 OK 键，机器会自动设定好选定波长，并在显示屏上显示。

📋键：选项键，点击此键机器进入仪器选项界面进行"恢复出厂设置"等操作，正常使用中不要点击此键。

T/A/C 键：模式切换键，点击此键机器在透射比模式（T）、吸光度模式（A）和浓度直读模式（C）三种检测模式之间进行切换。

启动键：设置好工作参数后点击此键，可以进行数据测量。测得数据会在显示屏上显示。此键只在列表测定时使用，单点测量时一般不使用。

推拉杆：可以推拉比色池内的样品架，使不同样品进入测量通道。

3 操作程序

1）开机　开机前先检查比色室，将推拉杆推到最里面，然后打开电源开关，机器进入自检状态，自检结束后机器发出"滴"声，此时检测波长自动停止在"500 nm"处，测定模式自动设定为"吸光度模式（A）"。预热仪器 30 min 后方可使用。

2）设置波长　按"移动波长"键，进入波长设置页面，输入需要的测量波长并确定，退回到主页面。

3）放置样品　把参比液和样品液装入洁净的比色皿，打开比色舱盖，把比色皿依次放入比色架上，透光面对准光路，轻轻合上比色舱盖。

4）调零　推拉"推拉杆"，将参比溶液推入测量光路中，按"100%/OA"键调零，显示屏上显示 0.000A。

5）测量　将待测液推入光路，显示的数值稳定后读取并记录。若同一个样品需要在不同波长下测量 A 值，改变波长后必须重新用参比溶液调零。

6）结束　仪器使用完毕，取出比色皿，洗净、晾干，关闭电源开关，填写使用记录。

4 注意事项

注意事项同指南六。

指南八　奥豪斯 SPS202F 型电子天平使用指南

1 仪器简介

以奥豪斯 SPS202F 型电子天平为例，其为精密称量仪器，量程为 0～200 g，称量精度 ±0.01 g，供生产、分析、实验及科研工作中进行精密称重。

2 按键及其功能

各结构和按键见附图 17～附图 19。

附图 17　SPS202F 型电子天平外形　　　　附图 18　SPS202F 型电子天平操作面板

PRINT Unit 键：数据打印，单位选择，菜单选择。

ON/ZERO Off 键：开关电源和清零，进入菜单，确认菜
单选项。

称量盘：可托载待称量的样品。

水平调节脚：支持和调节天平的水平。

水平指示器：指示天平水平情况。

附图 19　水平指示器

3　操作程序

（1）检查天平水平指示器的气泡是否在指示器黑色环的中央位置，如不在可以通过调节 4 个水平调节脚，使气泡位于水平指示器的中央位置。

（2）短按 ON/ZERO Off 键 1 s，接通电源，显示屏被点亮，天平进行自检，待显示屏出现 0.00 g 时方可使用。

（3）将空容器置于秤盘上，待显示数值不再变化时，按 ON/ZERO Off 键进行"去皮"，显示屏被"清零"，显示为 0.00 g，此时进行被测物品的称量。

（4）称量完毕后，长按 ON/ZERO Off 键 3 s，机器会自动关机，关机时显示屏会显示"OFF"字样，待显示屏变暗时，拔下电源插头，盖上防护罩。

4　注意事项

（1）天平必须安放在远离有气体对流、有震动、温度和湿度变化大的地方，远离会引起气流变化或温度速变的门窗处，远离磁场。

（2）干燥、无腐蚀样品可以放在称量纸上进行称量；腐蚀性、容易飞散的粉末及液体等样品必须在合适的容器中进行称量。

（3）称量时严禁超过天平的最大量程。空容器和称量物体质量之和不能超过天平的称量量程。

（4）天平称盘要保持清洁。

指南九　上海恒平 FA1004 型电子分析天平使用指南

1　仪器简介

以上海恒平 FA1004 型电子分析天平为例，其为精密称量仪器，量程为 $0 \sim 100$ g，称量精度 ± 0.1 mg，供生产、分析、实验及科研工作中进行精密称重。

2　按键及其功能

各结构和按键见附图 20～附图 22。

附图 20　FA1004 型电子分析天平外形

附图 21　FA1004 型电子分析天平操作面板

附图 22　水平指示器

ON 键：接通电源。

OFF 键：关闭电源。

TAR 键：清零。

CAL 键：校准键。

其余各键用于各种称量模式间的切换。一般不经常使用。

称量盘：托载待称量样品。

气流罩：防止气流对称量的扰动，两侧和顶部都有推拉玻璃，适用于不同的操作方式。

水平调节脚：有支持和调节天平水平的功能。

水平指示器：指示天平水平情况。

3　操作程序

（1）检查天平水平指示器的气泡是否在指示器黑色环的中央位置；如不在可以通过调节机器后下方的两个水平调节脚使气泡位于水平指示器的中央位置。

（2）接通电源，预热 $20 \sim 30$ min。

（3）轻按 ON 键，接通电源，显示屏被点亮，天平会进行自检。待显示屏出现 0.0000 g 时方可使用。

（4）打开侧面推拉门，将空容器置于秤盘上，再关闭侧面推拉门。待显示屏显示的数值不再变化时，按 TAR 键进行"去皮"，显示屏被"清零"，显示为 0.0000 g，此时可进行被测物体的称量，操作方式同前。

（5）称量完毕后，轻按 OFF 键，机器自动关机，关机时显示"OFF"字样，待显示屏变暗后关闭电源，清理好称量盘，盖上防护罩。填好使用记录。

4　注意事项

（1）称量时天平需要预热 20～30 min，精密称量时天平需要预热 120 min。
（2）其他注意事项同指南八。

指南十　奥豪斯 AR2140 型电子分析天平使用指南

1　仪器简介

以奥豪斯 AR2140 型电子分析天平为例，其为精密称量仪器，量程为 0～210 g，称量精度 ±0.1 mg，供生产、分析、实验及科研工作中进行精密称重。

2　按键及其功能

各结构和按键见附图 23～附图 25。

附图 23　AR2140 型电子分析天平外形　　附图 24　AR2140 型电子分析天平操作面板

Print 键：数据打印，单位选择。
Mode Off 键：关闭电源，参数选择。
→O/T← On 键：开关电源，清零，菜单选择，参数确认。
称量盘：可托载待称量样品。
水平调节脚：支持和调节天平的水平。
气流罩：防止气流对称量的扰动，两侧和顶部都有推拉玻璃可以适于不同操作。

附图 25　水平指示器

水平指示器：指示天平的水平情况。

3　操作程序

（1）检查天平水平指示器的气泡是否在指示器黑色环的中央位置，如不在可以通过调节机器后下方的水平调节脚，使气泡位于水平指示器中央位置。

（2）接通电源，预热 20～30 min。

（3）长按→ O/T ← On 键，直到接通电源，显示屏被点亮，天平进行自检，待显示屏出现 0.0000 g 时方可使用。

（4）打开侧面推拉门，将空容器置于秤盘上，再关闭侧面推拉门。待显示屏显示数值不再变化时，按→ O/T ← On 键进行"去皮"，显示屏被"清零"，显示为 0.0000 g；此时可以进行称量。

（5）称量完毕后，长按 Mode Off 键 3～5 s，机器会自动关机，关机时显示屏会显示"OFF"字样，待显示屏变暗时拔下电源插头，清理好气流罩内部，盖上防护罩。

4　注意事项

注意事项同指南九。

指南十一　基础电泳仪使用指南

1　仪器简介

电泳仪是对电泳所需电压、电流和电泳时间进行调控的装置。电泳仪可以提供"电压恒定"和"电流恒定"两种工作模式，电泳时间可以进行设定。下文以龙方 HT-300 电泳仪为例。

2　按键及其功能

电泳仪外形见附图 26，功能键面板见附图 27。

附图 26　HT-300 电泳仪外形

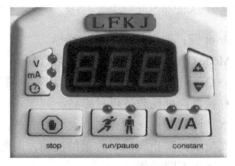

附图 27　HT-300 电泳仪操作面板

1）模式显示键　位于电泳仪屏幕左边，按压此键可显示"恒压（V）""恒流（mA）""定时"三种模式，选择模式后按键旁边相应的小灯会被点亮。

2）▼/▲键　位于显示屏右边，按动此键可以增减屏幕上显示的电流、电压或时间数值。电泳中若需要修改电流或电压，可以直接按压此键进行数值修改，不用停止电泳。

3）V/A模式键（constant）　按压此键可以在"电压恒定""电流恒定"两种工作模式之间切换。

电压恒定：简称"恒压"，该模式下"V"按键上方的小灯和显示屏左侧的"V"的小灯会被点亮，显示屏上的主数值是以"V"为单位的电压数，参数可在10～300 V选择。

电流恒定：简称"恒流"，该模式下"A"上方的小灯和显示屏左侧的"mA"小灯会被点亮，显示屏上的主数值是以"mA"为单位的电流数，参数可在4～400 mA选择。

4）run/pause键　启动/暂停键，各参数输入确定后，按压此键的run端，上方的小灯被点亮，电泳开始。电泳过程中如需暂停，按动此键的pause端，上方的小灯被点亮，电泳进入暂停模式。暂停模式下按压▼/▲键可以修改电泳的参数，再次按压pause端时，机器按设定参数继续进行电泳。

5）stop键　停止键，电泳结束时按压此键，电泳停止。电泳参数可以被保存，但计时器清零。

3　操作程序

1）设置　将安装好的电泳槽与电泳仪相连接（注意电极线与插座要红黑相对应），开通电源，点亮显示屏，待电泳仪自检结束后进行设置参数。

（1）选定电泳模式：先使用V/A模式键，选定电泳模式（"恒流"或"恒压"）。

（2）确定恒定参数：按压▼/▲键输入需要的数值。

（3）输入限定参数：如果需要，可以按压▼/▲键输入限定参数。一般来说恒流状态下输入的限制参数是电泳时允许的最大电流值，恒压状态下输入的是电泳时允许的最大电压值。电泳时一旦超过限定参数，则按限定参数来控制电泳。如果不设定限定参数，机器将默认限定参数为最大值。

（4）设定电泳时间：利用V/A模式键将显示模式调到左侧模式显示键的钟表灯点亮，进入时间输入模式。利用▼/▲键输入所需数值（0～999 min），电泳开始后机器进入倒计时，倒计时为零时电泳自动结束。如果不设定时间，则电泳可以无限制进行。

至此所有参数设置完毕。

2）电泳　设置好参数后，按run键启动电泳仪，电泳仪将按照设定参数输出电流或电压开始电泳。电泳结束时按下stop键，并关闭电源。期间若有调整可以按下pause键暂停电泳，调整结束后再次按pause键开始电泳。

4　注意事项

（1）电泳仪的参数设置不能超过该参数的最大值。总电流不超过仪器最大电流范围时，可以多槽关联使用，但不能超载。

（2）通电进入工作状态后，禁止人体接触电极、电泳物及其他可能带电的部分，也不能到电泳槽内取放东西，必要时应先断电，以免触电。

（3）仪器通电后不要临时增加或拔除输出导线插头，以防发生短路导致仪器损坏。

（4）使用过程中发现异常现象，如较大噪声、放电或异常气味，应立即切断电源，查找问题进行检修，以免发生意外事故。

指南十二　双垂直电泳槽使用指南

1　仪器简介

以龙方 LF - mini3 型双垂直电泳槽为例来说明。电泳槽由多个部件装配而成，详见附图 28。

附图 28　LF - mini3 型双垂直电泳槽外形及配件

2　配件及其功能

2.1　玻璃板

玻璃板共两片，厚薄各一。见附图 29。

长板：两侧粘有磨砂玻璃侧条，因为较厚也称为"厚板"。

短板：较长板短、薄，也称为"薄板"。

使用时短板盖在长板上，由于侧条的支撑，两块玻璃板之间形成一个狭窄的长方体空腔，可以容纳灌入的胶液。

附图 29　电泳制胶用玻璃板

2.2　制胶架

制胶架包括灌胶台（附图 30）和制胶框（附图 31）两部分，可以固定、密封电泳玻璃板进行凝胶的灌制。

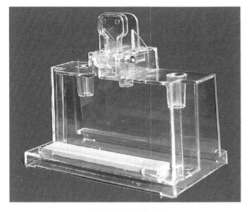

附图 30　灌胶台

附图 31　制胶框

1）灌胶台　灌胶台两侧有限位的凹缺，与制胶架侧脚配合可以限制玻璃板的位置。前向面是平齐的平面，可以与制胶架的背面密切贴合。前向面的底部有一块长条的硅胶条，可以密封玻璃板间夹缝的下开口。灌胶台顶部有夹子，可以压紧并固定玻璃板。

2）制胶框　制胶框下端有两根前后纵向的侧脚，除了具有支撑作用外，放在灌胶台上时还有限位的作用。制胶框从上向下看的夹缝是放置玻璃板的地方。制胶框前面有两个门扇状的固定夹，向外打开至完全平展时可以夹紧放入的玻璃板，向内收拢时则松开。制胶框的背面是平齐的，可以紧贴在灌胶台上。

3）制胶架和灌胶台的组装　装配好的制胶架放到灌胶台时，要保证制胶架的前向面朝向操作者，玻璃板下沿要落在硅胶密封条上。左手将制胶框的下沿背面紧贴灌胶台，右手捏灌胶台上方的夹子，左手顺势将玻璃板向里推送，让"长板"进到夹子的下方；右手放开夹子，此时夹子会紧紧地压在"长板"上。玻璃板之间空腔的下开口会被硅胶条封住，形成一个只有上开口的空腔，用以盛装胶液。

灌入的胶液会聚合成固体，由于受到玻璃的限制呈现均匀的薄板状。两侧玻璃板和中间的胶片共同组成"胶板"。

2.3　电泳槽芯

电泳槽芯由电极芯和槽芯外体两部分组成。

1）电极芯　电极芯（附图 32）是一个 U 形方框，框两侧各有一个起密封作用的同形硅胶框，可以与制好的胶板组装成一个敞口的槽体，称为"内槽"或"上槽"。

电极芯的两个支臂顶部各有一个电极。电极固定螺丝下有红色垫片的是正极，电极固定螺丝下有黑色垫片的是负极。

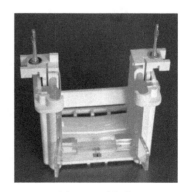

附图 32　电极芯

电极芯底框的上下面各有一根电极丝，底框上面的电极丝与负极柱相连，该电极丝位于"内槽"内；底框下面的电极丝与正极柱相连，该电极丝位于"外槽"内。

槽芯两个支臂向左右伸展出两片侧翼，底框两侧各伸出两根短臂，均有托载和限位胶板的作用。

2）槽芯外体　槽芯外体（附图33）从上方看有可以限位的卡条，前向面有两片透明的板状固定夹。向内收拢时可以夹紧电极芯，向外打开时则松开电极芯。

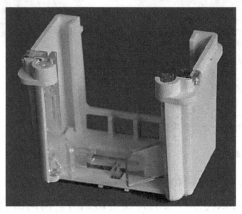

附图33　电泳槽芯外体

3）电泳槽芯的组装　将制好的胶板，逆操作从灌胶台和制胶架上取下，不要撬动玻璃板。

将胶板的短板一侧朝向电极芯，先把胶板下端放在限位的小短臂上，向内与电极芯的硅胶框相合，使短板上沿与硅胶框的凹凸处相吻合。胶板的左右侧紧紧卡在电极芯左右支臂上的限位翼片内，至此胶板与电极芯组装结束。

先将槽芯外体的固定夹扳至松开的位置，形似"开门"样；将组装结束的胶板和电极芯从槽芯外体的上方，沿卡条向下放入槽芯外体；再将固定夹扳至夹紧的位置，形似"关门"样。至此电泳槽芯组装结束。

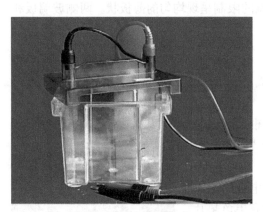

附图34　电泳槽外壳

2.4　电泳槽外壳

电泳槽外壳由顶盖和缓冲液槽组成（附图34）。顶盖绿色，内面有两个电极座，外面有两根可与电泳仪相连接的电极线；红色为正极连接线，黑色为负极连接线。

缓冲液槽为透明的塑料制品，上口左右侧壁上有可以固定槽芯的固定件。

使用时将组装好的槽芯放入缓冲液槽，用上口左右两侧的固定件固定槽芯。此时缓冲液槽与槽芯之间会产生装纳电泳缓冲液的空腔，称为电泳槽的"外槽"或"下槽"。

在内、外槽加入电泳缓冲液，内槽缓冲液要没过短板上沿，外槽缓冲液要没过电极丝。盖上顶盖。注意电极和电极座相连接时要按照极性连接（红对红，黑对黑），至此电泳槽全部组装结束。

2.5　其他辅助工具

1）样品梳　在电泳凝胶上端模铸出样品槽（附图35）。有字迹一面是正面，中部有凸起的横条，使用时起限位的作用，可以使模铸出的样品槽深度一致；背面是平滑的。使用时用背面贴紧长板，慢慢插入两块玻璃板之间。

2）剥胶铲　透明的塑料小板，一端楔形变薄（附图36），在使用中有铲、切、撬的作用。电泳结束后用剥胶铲将玻璃板分开，取出中间胶片并切角进行标记。

附图 35　样品梳

附图 36　剥胶铲

3）义板　为外形与电泳用胶板完全一样的塑料薄板（附图37），也叫"假板""代替板"等。电泳时若只有一块电泳胶板，可用义板代替另一块电泳胶板起到封闭作用，帮助围成"内槽"。

3　操作程序

组装好的电泳槽通过电极线与电泳仪电极插孔相连接，启动电泳。连接电极时要注意极性不要接反。通电时电流方向为电源负极→内槽电极丝→内槽缓冲

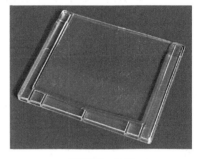

附图 37　义板

液→ 电泳胶板→外槽缓冲液→外槽电极丝→电源正极，构成完整的电流回路。电泳结束后，逆向拆开取出胶片，清洗干净。

4　注意事项

（1）电泳槽配件多为塑料制品，使用中务必规范操作，以免造成构件断裂不能使用。

（2）玻璃板操作中应小心，切勿打破、划伤表面和磕碰边角。

（3）玻璃表面要洁净不能有颗粒物；组装玻璃板时长短板的下端要平齐，要与制胶架上的硅胶条密切结合；板状固定夹要夹紧，以免在制胶过程中发生胶液渗漏。

（4）制好的胶板与电极芯组装时，要使短板一侧朝向电极芯，否则电路不能接通。短板上沿要与硅胶框上的凹凸处相吻合，板状固定夹要夹紧，使玻璃与硅胶框之间没有缝隙，以免内槽漏液，使缓冲液低于短板上沿造成电流断路。这两种情况都将导致电泳

无法进行。

（5）内槽缓冲液要没过短板的上沿，下槽的缓冲液要没过电极丝，否则电路不能被接通无法电泳。

（6）所有电极与电极插孔、电极与电源线之间的连接一定要极性相配（红对红，黑对黑），不能颠倒，否则电泳将不能正常进行。

指南十三　电热恒温水浴锅使用指南

1　仪器简介

以 HWS - 24 电热恒温水浴锅为例，其为带有微电脑控制的、可定时的小型电热仪器，适合对实验材料进行保温和加热处理。

2　按键及其功能

PV 显示器（数字显示为红色）：显示实际测量温度（附图 38）。根据仪表状态显示各类提示符，SP 是"温度设置"提示符，ST 是"时间设置"提示符。

附图 38　操作面板

SV 显示器（数字显示为绿色）：显示实际设定温度。

SET 键：设定值修改，参数的调出、修改和确认。

AT 键、TIME 键：参数设定时用于增减数值，进入自整定状态。

电源开关"O"端按下时为断开电源。"｜"端按下时为接通电源。

3　操作程序

1）开机前准备　打开水浴锅的水箱盖子，加水（建议使用纯净水），水面高度要控制在合适的操作高度，至少不能低于加热管所在的高度。

2）开机　连接电源，按下开关，各显示器和指示灯被点亮。自检结束后，PV 显示器会显示实际水温，此时可以进行参数的设定。

3）温度参数的设定　按压 SET 键，使 PV 显示器显示"SP"字样，按动 AT 键、TIME 键，使 SV 显示器显示的数字为所需数值，再按一下 SET 键，确认数值，可以进入下一个参数的设定。

4）时间参数设定　按压 SET 键，使 PV 显示器显示"ST"字样，按动 AT 键、TIME 键，使 SV 显示器显示的数字为所需数值，再按一下 SET 键，确认数值。若要持续保持恒温状态，ST 值设置为"0"。

5）启动　参数设置好后按压 SET 键，机器会自动转入工作状态，温度到达设定数值后，自动倒计时至时间为"0"时结束保温。

6）结束时清理　结束后要及时清除水箱内的热水，以防结垢影响加热效果。

4　注意事项

（1）开机前一定要检查水面高度，长时间使用时要注意及时加水，防止干烧。

（2）实验结束后要清除水箱中的水，尤其是长时间不使用时，要晾干水箱，防止腐蚀。

（3）水浴时水面不要过高，注意固定好盛放样品的容器，防止容器倾倒而污染水箱；如果腐蚀性溶液进入水箱，要及时更换水箱中的水，防止腐蚀箱体和加热管。

（4）使用时如有异常情况，应及时报告指导老师处理。

指南十四　单道可调式移液器使用指南

1　仪器简介

以 Finnpipette 单道可调式移液器为例，其为利用空气置换原理设计的、连续可调的通用微量移液器，适用于液体试剂的精确取样和转移（附图 39）。

常用移液器的种类包括：0.5～10 μl（刻度增量 0.1 μl）、5～50 μl（刻度增量 0.5 μl）、20～200 μl（刻度增量 1 μl）、100～1000 μl（刻度增量 5 μl）、1～5 ml（刻度增量 5 μl）。每种量程的移液器需配用专用吸头。

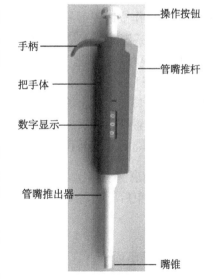

附图 39　可调式移液器外形

2　按键及其功能

1）操作按钮　左右旋转可以调节量取液体的体积量。上下推按可以进行液体的吸入和排出。上下按动时有三个点：起点、第一停止点和第二停止点。

2）管嘴推杆、管嘴推出器　上下按动时可以推动管嘴推出器将吸头推出。

3）把手体　用于持握移液器，持握时管嘴推杆朝向手心。

4）手柄　使用时可以防止移液器从手中滑脱；使用结束后可用于悬挂移液器。

5）嘴锥　用来安装吸头，安装时将吸头上下套紧，不要左右旋转。

6）数字显示　显示设定好的体积数。

3　操作程序

3.1　设定移液体积

从大体积调节到小体积时为正常调节方法，逆时针旋转"操作按钮"即可；从小体积调节至大体积时，可先顺时针调至超过设定体积的刻度，再回调至设定体积，这样可以保证最佳的精确度。设置体积数从"数字显示"处看到。

3.2　装配移液器吸头

将移液端垂直插入吸头，左右微微转动，旋紧即可。

3.3　移液

针对不同的溶液，移液方法不尽相同。

1）前进法　适于一般溶液的移取。① 将移液器按压到第一停止点位置；② 将移液器吸头插入移取液体液面下 1 cm 并慢慢松开按钮，待溶液吸入吸头后，取出移液器在试剂瓶口沾去多余的液体；③ 将移液器的吸头尖口斜靠在容器的侧壁上，轻轻压下操作按钮置第一停顿点位置，约 1 s 后继续按压按钮至第二停顿点，排尽吸头内的溶液；④ 松开按钮使之返回到起点位置，进行下一次操作或更换吸头和数值移取其他液体。

2）倒退法　适于黏稠液体和微量液体的移取。① 将移液器按压到第二停止点位置；② 将移液器吸头插入移取液体液面下 1 cm 并慢慢松开按钮，待溶液吸入吸头后，取出移液器在试剂瓶口沾去多余的液体；③ 将移液器的吸头尖口斜靠在容器的侧壁上，轻轻压下操作按钮置第一停顿点位置，等待 10 s 后拿开；④ 松开按钮使之返回到起点位置，剩余残液随吸头一起废弃或移至原容器中。

3）重复移液法　适于同种液体相同移取量的转移。① 将移液器按压到第二停止点位置；② 将移液器吸头插入液面下 1 cm 慢慢松开按钮，待溶液吸入吸头后，取出移液器在试剂瓶口沾去多余的液体；③ 将移液器的吸头尖口斜靠在容器的侧壁上，轻轻压下操作按钮置第一停顿点位置，等待 10 s 后拿开；④ 剩余的残液仍保存在吸头内，重复步骤② 和③可重复转移相同量的液体。

3.4　结束

移液结束后，把用过的吸头推出，量程调至最大值，擦净表面，然后将移液器挂在支架上。

4　注意事项

（1）严禁超过移液器的规定量程。

（2）严禁用移液器反复撞击来上紧吸头，这样会导致移液器部件因强烈撞击而松动，严重情况会导致调节刻度的旋钮卡住。

（3）移取液体时应尽量沾去吸头外的液体，防止影响操作精度。

（4）吸头的尖口在吸取液体时要始终保持在液面以下，防止因液面降低导致吸头露出水面而吸入空气，造成移液器活塞室的污染，导致活塞的腐蚀。一旦不小心液体被吸入活塞室应及时报告指导老师进行处置。

（5）带有液体的移液器严禁平放于桌面上，更不得倒置，以防液体流入活塞室。使用结束后移液器应排尽残液后垂直挂于支架上。

（6）移液器不能进行高温消毒，也不能放置在温度较高处，以防变形导致漏液或不准。

（7）发现问题及时报告指导老师处理。

指南十五　pH 计的使用指南

1　仪器简介

以 CyberScan 510 pH 计为例，其可以测量溶液的 pH、电导率和温度值，是实验室常备的小型仪器。由于测量电极比较精细，使用时应小心操作。

2　按键及其功能

pH 计整机、操作面板见附图 40 和附图 41。操作按键及显示屏分区分布。显示屏可以显示各种操作参数和符号。

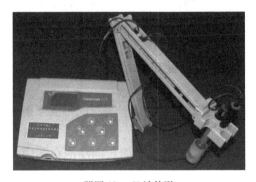

附图 40　pH 计外形

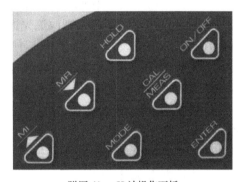

附图 41　pH 计操作面板

ON/OFF 键：电源开关键，按压时可以打开或关闭机器。

CAL/MEAS 键：在测量模式和校正模式之间转换。

MODE 键：在可提供的 pH/mv/ 温度 / 离子浓度测量模式之间转换。

MI/ ▲键：可以滚动输入测量值到机器的存储器中。

MR/ ▼键：可以提取机器中存储器的测量值，并可以滚动全部的储存值。

HOLD 键：在显示屏上锁定测量值，再按一下得到当前读数。

ENTER 键：在存储模式下进入功能选项。

测量探头：温度探头，金属质细长杆状，可以测量溶液的温度。复合电极可以感知溶液的 pH、离子浓度等。

3　操作程序

（1）连通电源，轻按 ON/OFF 键，显示屏被点亮，机器进行自检，自检结束后默认为 pH 测量状态，显示当前的 pH，预热 30 min 以上方可使用。

（2）将复合探头的保护瓶去掉，用蒸馏水清洗干净，调节电极臂使复合电极和温度探头仪器没入溶液中，溶液的深度必须没过复合电极顶端的球形玻璃泡。

（3）机器开机默认为 pH 测量状态，可以通过按压 MODE 键在 pH/mv/ 温度 / 离子浓度测量模式间转换，选择需要的测量模式；此时显示屏顶行会显示"MEAS"表示处于测量状态，右侧会依次显示"pH""mv""℃""ppm"代表不同的测量模式。

（4）待显示屏数字不再变动，显示屏出现"READY"时进行读数，并记录。

（5）测量结束后拉起电极臂，用蒸馏水仔细清洗复合电极和温度探头，擦干表面水迹，将保护瓶套在复合电极上。

（6）按压 ON/OFF 键，机器会断开电源，显示屏变暗。

4　注意事项

（1）机器使用前应检查两个探头（电极）是否连接好，复合电极前端的玻璃泡是否完整。

（2）仪器第一次使用前应该进行标定。标定好的仪器若每天使用，可以每半个月标定一次。若较长时间不使用则应该先进行标定，然后使用。如果测量要求精度比较高，每批次测量前都应该进行标定，然后使用。

（3）长期使用后，电极会逐渐失去原有的灵敏性，因此复合电极一般使用 1~2 年后应该及时更换。

（4）复合电极前端的玻璃泡容易损坏，测量时要防止搅拌撞击，擦拭时不要摩擦玻璃泡。

（5）使用结束后应该套上保护瓶，瓶内装上保护液。电极不能长期浸泡在蒸馏水中，更不能裸露在空气中。

（6）如出现故障，请立即通知指导老师处理。

附录二　常见市售酸碱的浓度

试剂	分子式	分子量	质量分数 / %	物质的量浓度 / （mol/L）	密度 / （g/cm³）	配制 1mol/L 溶液的加入量 / （ml/L）
高氯酸	$HClO_4$	100.5	70	11.6	1.67	85.8
磷酸	H_3PO_4	80.00	85	18.1	1.70	68.0
硫酸	H_2SO_4	98.0	96（96～98）	18.0	1.84	55.6
硝酸	HNO_3	63.0	67（65～68）	14.9	1.40	67.1
盐酸	HCl	36.5	37（36～38）	12.0	1.19	86.2
氨水	$NH_3·H_2O$	35.1	28（25～28）	14.8	0.90	67.6
氢氧化钾 I	KOH	56.1	50	13.5	1.52	74.1
氢氧化钾 II	KOH	56.1	10	1.94	1.09	515.5
氢氧化钠 I	$NaOH$	40.0	50	19.1	1.53	52.4
氢氧化钠 II	$NaOH$	40.0	10	2.75	1.11	363.6
冰醋酸	CH_3COOH	60.0	99.5	17.4	1.05	57.5
乙酸	CH_3COOH	60.0	36	6.27	1.05	159.5
甲酸	$HCOOH$	46.0	90	23.4	1.20	42.7

附录三　化学试剂保管与存放

化学试剂一般按照其性质分别存放于阴凉、干燥、避光、通风的干燥处。

易燃试剂存放于远离火源、阴凉、通风处。

易爆试剂受撞击、热、摩擦或与其他物质接触后容易发生爆炸，应避免上述因素。

腐蚀性试剂密闭存放于阴凉处。

需要特殊保管的常用试剂见下表。

存放条件要求	试剂特性	试剂举例
需要密封	易潮解吸湿	氧化钙、氢氧化钠、氢氧化钾、碘化钾、三氯乙酸
	易失水风化	结晶硫酸钠、硫酸亚铁、含水磷酸氢二钠、硫代硫酸钠
	易挥发	氨水、氯仿、醚、碘、麝香草酚、甲醛、乙醇、丙酮
	易吸收 CO_2	氢氧化钾、氢氧化钠
	易氧化	硫酸亚铁、醚、醛类、酚、抗坏血酸和一切还原剂
	易变质	丙酮酸钠、乙醚和许多生物制品
避光保存	见光变色	硝酸银（变黑）、酚（变淡红）、氯仿（产生光气）、茚三酮（变淡红）
	见光分解	过氧化氢、氯仿、漂白粉、氰氢酸
	见光氧化	乙醚、醛类、亚铁盐和一切还原剂
特殊方法保管	易爆炸	苦味酸、硝酸盐类、过氯酸、叠氮化钠
	剧毒	氰化钾（钠）、汞、砷化物、溴
	易燃	乙醚、甲醇、乙醇、丙醇、苯、甲苯、二甲苯、汽油
	腐蚀	强酸、强碱

附录四　化学试剂配制及分级

（1）称量要准确，有特殊要求的试剂，应先干燥、恒重或纯化后再称量。

（2）一般性溶液使用蒸馏水或去离子水配制，细胞培养用液需要三蒸水或纯水进行配制。

（3）根据实验需要量进行配制，不宜过多，以防过期失效，造成浪费。

（4）试剂一旦取出后，不得放回原瓶。盛装药品时应该使用洁净干燥的药匙和盛具。

（5）配制硫酸、盐酸、硝酸等溶液时，应把酸缓慢加入到水中。必要时需使用冷却措施。

（6）配制溶液时应注意溶质要充分溶解，不时搅拌，必要时可以水浴加热促进溶解。

（7）配制腐蚀性、挥发性及剧毒的药品或溶液时，戴手套，并在通风橱中操作。

（8）配制试剂的烧杯及试剂瓶都要清洁干燥，瓶塞不要混淆或被污染。

（9）试剂瓶上应标记好试剂名称、浓度、配制日期和配制人。

（10）某些试剂需要避光保存，宜放置在棕色瓶中，最好密封瓶口，并注明有效期限。

（11）溶液在贮存期间会发生变质、沉淀或变色，使用前应注意观察确定是否可用。

（12）一般化学试剂的分级见下表。实验时根据具体情况选用合适规格的试剂，一般来说用于精确定量分析或配制标准液时均需要二级以上的试剂。另外还有不属于表中规格的试剂，如纯度很高的光谱纯、色谱纯和电泳纯，纯度较低的工业用试剂等。

级别	名称	简写	标签颜色	用途
一级试剂	优级纯、保证纯	GR	绿色	适用于基准物质和精密分析
二级试剂	分析纯	AR	红色	适用于多数的定性定量分析
三级试剂	化学纯	CP	蓝色	适用于一般化学实验和合成制备
四级试剂	实验试剂	LR	棕色	适用于一般定性实验
	生化试剂	BR	黄色	适用于生物或化学研究和检验
	生物染色素	BS		适用于生物组织或细胞的染色分析

附录五　常用洗液种类及其用途

（1）肥皂水、洗衣粉是常用的洗液。一般玻璃制品均可使用。

（2）铬酸洗液是最常用的洗液，去污力强，清洗效果好。该洗液可多次反复使用，新配制的洗液为红褐色，但若洗液变成绿色时则不宜再用。该洗液具有强腐蚀性，使用时注意安全。配制方法如下：①称取 5 g 重铬酸钾（或重铬酸钠）粉末放入 250 ml 烧杯中，加入 5 ml 水使其溶解。边搅拌边缓缓加入浓 H_2SO_4 100 ml，待洗液温度冷却至 40℃以下，将其转移至具有玻璃瓶塞的细颈试剂瓶内贮存备用。②量取 100 ml 工业硫酸置于 250 ml 烧杯中，小心加热，慢慢加 5 g 重铬酸钾粉末，边加边搅拌，待全部溶解后，冷却并贮于具玻塞的试剂瓶中备用。

（3）浓 HCl（工业用）常用于洗去水垢或无机盐沉淀。

（4）浓 HNO_3 常用于洗涤除去金属离子。

（5）尿素洗液适用于洗涤盛装蛋白质溶液及血样的器皿。

（6）有机溶剂，如丙酮、乙醇、乙醚等可用于洗脱油脂、脂溶性染料等污痕。

（7）乙醇-硝酸混合液用于一般方法难以洗净的有机物，适合于微量滴定管的洗涤。

（8）EDTA-Na_2 溶液加热煮沸可以洗去玻璃仪器内壁的白色沉淀。

上述洗液可以多次使用，但随着使用次数增多其效力逐渐降低。因此待洗涤的玻璃器皿必须先用自来水冲洗多次，除去肥皂液、附着的残液和杂质等，晾干后再浸泡入洗液中。

附录六　0~100℃水的密度表

（单位：kg/m³）

温度/℃	0.0	0.1	0.2	0.3	0.4	0.5	0.6	0.7	0.8	0.9
0	999.840	999.846	999.853	999.859	999.865	999.871	999.877	999.883	999.888	999.893
1	999.898	999.904	999.908	999.913	999.917	999.921	999.925	999.929	999.933	999.937
2	999.940	999.943	999.946	999.949	999.952	999.954	999.956	999.959	999.961	999.962
3	999.964	999.966	999.967	999.968	999.969	999.970	999.971	999.971	999.972	999.972
4	999.972	999.972	999.972	999.971	999.971	999.970	999.969	999.968	999.967	999.965
5	999.964	999.962	999.960	999.958	999.956	999.954	999.951	999.949	999.946	999.943
6	999.940	999.937	999.934	999.930	999.926	999.923	999.919	999.915	999.910	999.906
7	999.901	999.897	999.892	999.887	999.882	999.877	999.871	999.866	999.860	999.854
8	999.848	999.842	999.836	999.829	999.823	999.816	999.809	999.802	999.795	999.788
9	999.781	999.773	999.765	999.758	999.750	999.742	999.734	999.725	999.717	999.708
10	999.699	999.691	999.682	999.672	999.663	999.654	999.644	999.634	999.625	999.615
11	999.605	999.595	999.584	999.574	999.563	999.553	999.542	999.531	999.520	999.508
12	999.497	999.486	999.474	999.462	999.450	999.439	999.426	999.414	999.402	999.389
13	999.377	999.364	999.351	999.338	999.325	999.312	999.299	999.285	999.271	999.258
14	999.244	999.230	999.216	999.202	999.187	999.173	999.158	999.144	999.129	999.114
15	999.099	999.084	999.069	999.053	999.038	999.022	999.006	998.991	998.975	998.959
16	998.943	998.926	998.910	998.893	998.876	998.860	998.843	998.826	998.809	998.792
17	998.774	998.757	998.739	998.722	998.704	998.686	998.668	998.650	998.632	998.613
18	998.595	998.576	998.557	998.539	998.520	998.501	998.482	998.463	998.443	998.424
19	998.404	998.385	998.365	998.345	998.325	998.305	998.285	998.265	998.244	998.224
20	998.203	998.182	998.162	998.141	998.120	998.099	998.077	998.056	998.035	998.013
21	997.991	997.970	997.948	997.926	997.904	997.882	997.859	997.837	997.815	997.792
22	997.769	997.747	997.724	997.701	997.678	997.655	997.631	997.608	997.584	997.561

续表

温度/℃	0.0	0.1	0.2	0.3	0.4	0.5	0.6	0.7	0.8	0.9
23	997.537	997.513	997.490	997.466	997.442	997.417	997.393	997.369	997.344	997.320
24	997.295	997.270	997.246	997.221	997.195	997.170	997.145	997.120	997.094	997.069
25	997.043	997.018	996.992	996.966	996.940	996.914	996.888	996.861	996.835	996.809
26	996.782	996.755	996.729	996.702	996.675	996.648	996.621	996.594	996.566	996.539
27	996.511	996.484	996.456	996.428	996.401	996.373	996.344	996.316	996.288	996.260
28	996.231	996.203	996.174	996.146	996.117	996.088	996.059	996.030	996.001	995.972
29	995.943	995.913	995.884	995.854	995.825	995.795	995.765	995.753	995.705	995.675
30	995.645	995.615	995.584	995.554	995.523	995.493	995.462	995.431	995.401	995.370
31	995.339	995.307	995.276	995.245	995.214	995.182	995.151	995.119	995.087	995.055
32	995.024	994.992	994.960	994.927	994.895	994.863	994.831	994.798	994.766	994.733
33	994.700	994.667	994.635	994.602	994.569	994.535	994.502	994.469	994.436	994.402
34	994.369	994.335	994.301	994.267	994.234	994.200	994.166	994.132	994.098	994.063
35	994.029	993.994	993.960	993.925	993.891	993.856	993.821	993.786	993.751	993.716
36	993.681	993.646	993.610	993.575	993.540	993.504	993.469	993.433	993.397	993.361
37	993.325	993.280	993.253	993.217	993.181	993.144	993.108	993.072	993.035	992.999
38	992.962	992.925	992.888	992.851	992.814	992.777	992.740	992.703	992.665	992.628
39	992.591	992.553	992.516	992.478	992.440	992.402	992.364	992.326	992.288	992.250

温度/℃	0	1	2	3	4	5	6	7	8	9
40	992.212	991.826	991.432	991.031	990.623	990.208	989.786	989.358	988.922	988.479
50	988.030	987.575	987.113	986.644	986.169	985.688	985.201	984.707	984.208	983.702
60	983.191	982.673	982.150	981.621	981.086	980.546	979.999	979.448	978.890	978.327
70	977.759	977.185	976.606	976.022	975.432	974.837	974.237	973.632	973.021	972.405
80	971.785	971.159	970.528	969.892	969.252	968.606	967.955	967.300	966.639	965.974
90	965.304	964.630	963.950	963.266	962.577	961.883	961.185	960.482	959.774	959.062
100	958.345									

附录七　实验室安全防护及急救

1　实验室安全防护

（1）使用电器设备（如烘箱、恒温水浴锅、电热套）时，严防触电。严禁湿手开关电闸和电器开关。发生跳闸后应严格排查短路原因，严禁继续勉强使用。

（2）使用浓硫酸、浓盐酸和浓碱时，要小心操作，防止溅出，最好戴手套。若不慎滴到实验台或地面上，必须及时用湿抹布擦干净，再用大量的水冲洗。若浓酸粘到皮肤或衣服上，先用大量的流水冲洗，然后涂上 3%～5% 的碳酸氢钠溶液，情况严重者立即到医院诊治。

（3）使用易燃物（如乙醇、乙醚、丙酮等）时，应远离火源，也不要将上述液体大量放在桌上。若不慎洒出大量易燃液体，一定要避免火源，立即用抹布擦拭，转移到带塞玻璃瓶中，然后用大量水冲洗桌面。

（4）易挥发性试剂如乙醚、丙酮等，应在通风橱里操作，并戴口罩、手套和防护目。瓶塞或离心管盖子容易崩弹，要小心操作，不能对着自己或他人。

（5）危险废液或残渣按照规定处理，不能直接倒入水槽或下水道，分类后倒入相应的收集桶中，贴好标签，交至相关部门统一处理。

（6）危险化学品和剧毒化学品应按照规定办理审批领用及采取特殊方式保存，使用时严格操作，使用后妥善保管。

（7）可燃液体着火后，应立即移走着火区域内一切可燃物品，关闭通风防止扩大燃烧。小面积起火可以用抹布、湿布或砂土覆盖，隔绝空气使之熄灭。

（8）乙醇及其他可溶于水的液体着火时可以用水灭火；乙醚、汽油和甲苯等有机溶剂着火后应用石棉或砂土扑灭（注意此时不能用水灭火）。

（9）生物化学实验室的安全隐患主要是化学药品危害，包括有机溶剂、易燃、易爆、易腐蚀、强酸强碱、易引起中毒的化学试剂和药品，以及高温烤箱、沸水浴等潜在危害，应加强防范意识。

2　实验室急救

（1）受玻璃割伤及其他机械损伤时，先检查伤口内有无玻璃或金属等的碎片，然后用硼酸水洗净，再擦碘酒或紫药水，必要时用纱布包扎，若伤口较大或过深而大量出血，应迅速在伤口上部或下部扎紧血管止血，立即到医院诊治。

（2）烫伤时一般用浓乙醇（90%～95%）消毒后，涂上苦味酸软膏。如果伤处红痛或红肿，可用橄榄油或用棉花蘸乙醇敷盖伤处；若皮肤起泡，不要弄破水泡，防止感染；

灼伤处皮肤呈棕色或黑色，应用干燥而无菌的消毒纱布轻轻包扎好，急送医院治疗。

（3）强碱（氢氧化钠、氢氧化钾）、钠、钾等触及皮肤而引起灼伤时，要先用大量的水冲洗，再用 5% 乙酸溶液或 2% 乙酸钠溶液涂洗。

（4）强酸、溴等触及皮肤而引起灼伤时，要立即用大量的水冲洗，再用 5% 碳酸氢钠溶液或 2% 氢氧化铵溶液涂洗。

（5）如果酚类触及皮肤引起灼伤时要用大量的水冲洗，并用肥皂和水洗涤，忌用乙醇。

（6）触电时可以用以下方法之一切断电路：关闭电源；用干木棍使导线与触电者分开；使触电者与地面分开。施救时救助者必须做好防止触电的安全措施，手或脚必须绝缘。

附录八　生物化学实验报告撰写指南

实验报告撰写是基本技能训练。它不仅是对实验的总结，更重要的是可以培养和训练学生的逻辑归纳能力、综合分析能力和文字表达能力，是科学论文写作的基础。所以不要把它当成负担，认真对待将会大有裨益。虽然在实验报告册中提供了一定的格式和表格，还要注意以下问题。

（1）实验前应认真预习实验指导书，明确实验原理和操作方法，事先设计好实验流程图，这将会使你在实验操作时事半功倍。流程图只写主要操作步骤即可，再配以相应的文字说明和表格，使实验报告简明扼要，条理清晰。

例如：

植物组织中 POD 活性及蛋白质含量测定流程图

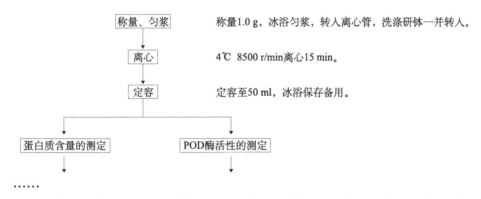

　　　称量、匀浆　　　　称量1.0 g，冰浴匀浆，转入离心管，洗涤研钵一并转入。

　　　离心　　　　4℃　8500 r/min离心15 min。

　　　定容　　　　定容至50 ml，冰浴保存备用。

　　蛋白质含量的测定　　　POD酶活性的测定

……

（2）原始实验数据的记录应做到准确、简练、详尽、清楚，以方便对实验结果的分析和讨论。

定量实验中的数据，如称量物的质量、滴定管的读数和光密度值等，都应根据仪器的精确度准确地记录有效数字，填入实验报告册的相应部分。定性试验中观察到实验中的各种变化也应如实详细地加以记录，如沉淀的颜色、多少、产生条件及时间等，每个结果都准确无遗漏地做好记录。需要画图的要依据原始实验结果作图，或通过拍照打印的方法粘贴在实验报告册的相应位置，并作相应的说明和注释。如果怀疑所记录的观测结果或实验记录有遗漏、丢失，都必须重做实验，切忌拼凑实验数据和主观臆断实验结果，自觉培养一丝不苟、严谨的科学作风。

（3）结果计算时要求记录所有与计算有关的原始数据和计算公式，并附有必要的计算过程，不能只写最后结果。注意计算过程中的有效数字和单位。

（4）结论要简单扼要，说明本次实验所获得的结果。在分析实验结果基础上应有简短而中肯的结论。结论不是具体实验结果的再次罗列，是针对实验所能验证的概念、原则或理论的简明总结，是从实验结果中归纳出的一般性、概括性的判断。语言要简练、准确、严谨、客观。

（5）讨论不是实验结果的重述，讨论是根据相关理论知识对所得实验结果进行解释和分析，如实验结果可以验证什么理论、实验结果有什么意义、说明了什么问题等。讨论也包括对实验中存在问题、数据、误差、异常现象等进行探讨和分析。如果本次实验没有得到预期的结果，应找出失败的原因及实验操作时应注意的事项。

讨论中不能用已知的理论或生活经验硬套在实验结果上；更不能由于所得到的实验结果与预期的结果或理论不符而随意取舍甚至修改实验结果，这时应该分析其异常的可能原因。不要简单地复述课本上的理论，需要有针对性地找出可能的原因。另外，鼓励同学们写出实验心得或提出实验改进建议等，这有利于进一步提高自己的实验操作能力和分析解决问题的能力。

（6）实验关键步骤及注意事项是决定实验能否成功的关键环节。有意识地去总结关键步骤及注意事项，能更快更好地提高自己的实验技能，但注意关键步骤与注意事项是不同的，两者有联系也有区别，书写时要分开。

（7）应及时认真撰写实验报告，做到字迹工整清楚、语句简练通顺、内容实事求是、分析全面具体。

实验一　基本实验技术训练（Ⅰ）

同组实验同学：＿＿＿＿＿＿成绩：＿＿＿＿＿

1　实验目的

2　数据记录

附表1　电子天平称量训练记录表

第次	1	2	3	4
称量记录				

附表2　电子分析天平称量训练记录表

第次	1	2	3	4
称量记录				

附表3　移液训练记录表（移量管）　　　室温：＿＿℃

移液体积	1 ml				2 ml			
第次	1	2	3	4	1	2	3	4
质量								
体积								
误差								
移液体积	5 ml				10 ml			
第次	1	2	3	4	1	2	3	4
质量								
体积								
误差								

附表4　移液训练记录表（单道可调式移液器）　　　　　室温:＿＿℃

移液体积	＿＿＿＿μl（20～200μl）				＿＿＿＿μl（100～1000μl）			
第次	1	2	3	4	1	2	3	4
质量								
体积								
误差								

附表5　容量瓶定容训练记录表

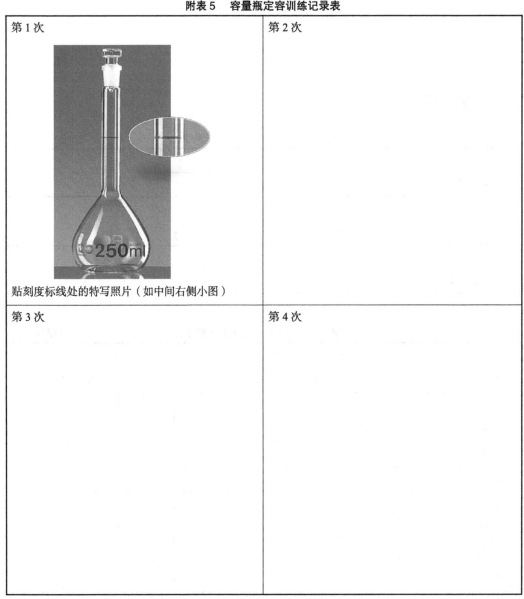

第1次 贴刻度标线处的特写照片（如中间右侧小图）	第2次
第3次	第4次

3　实验关键步骤和注意事项

4　思考题

a. 天平在使用中应该特别关注哪些问题?

b. 如何提高移液的准确度?

c. 容量瓶使用中，如果定容前刻度标线以上有水珠会不会影响定容的准确度?

d. 如果定容后发现液面低于刻度标线需不需要重新加水到刻度标线?

20＿＿年＿月＿日

实验二　基本实验技术训练（Ⅱ）

同组实验同学：＿＿＿＿＿＿＿成绩：＿＿＿＿＿＿

1　实验目的

2　数据记录

附表 6　蛋白标准曲线制作比色训练

试管编号	第 1 组训练 A 值			第 2 组训练 A 值			第 3 组训练 A 值		
	测定 1	测定 2	测定 3	测定 1	测定 2	测定 3	测定 1	测定 2	测定 3
1									
2									
3									
4									
5									
曲线方程									
R^2									

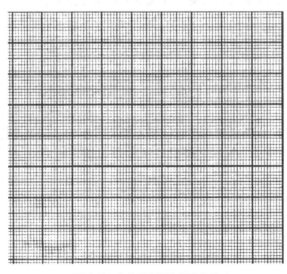

附图 42　牛血清白蛋白标准曲线

附表 7 蛋白样品比色操作训练记录表

试管编号	第1组训练 A 值			第2组训练 A 值			第3组训练 A 值		
	测定 1	测定 2	测定 3	测定 1	测定 2	测定 3	测定 1	测定 2	测定 3
1									
2									
3									

3 实验关键步骤和注意事项

4 思考题

a. 如果匀浆后样品有大块的片块状物会不会影响测定的准确度? 离心后的样液中有样品的细小的颗粒浑浊会不会影响测定的准确度?

b. 离心时要特别关注的要点有哪些?

c. 分光比色中应该特别关注的事项有哪些?

d. 标准曲线作图时应该注意哪些事项?

20____年__月__日

实验三   薄层层析法分离鉴定氨基酸

同组实验同学：_____成绩：_____

1   实验原理

2   实验操作流程图

3   原始实验数据记录

薄层层析图谱（示意图）

附表 8   氨基酸及混合氨基酸组分的 R_f 值

氨基酸名称		h (cm)	H (cm)	R_f 值	颜色
脯氨酸					
缬氨酸					
丙氨酸					
亮氨酸					
混合氨基酸组分	1				
	2				
	3				
	4				

4　结论与讨论

5　实验关键步骤和注意事项

6　思考题

a. 影响 R_f 的因素有哪些？

b. 薄层层析中展层剂的组分都起到了哪些作用？

20____年____月____日

实验四　蒽酮比色法测定植物材料中水溶性糖含量

同组实验同学：_____　成绩：_____

1　实验原理

2　实验操作流程图

3　原始实验数据记录

附表 9　葡萄糖标准曲线的实验数据记录

试管编号		1	2	3	4	5	6
葡萄糖浓度（µg/ml）							
A_{620}	第 1 次测定						
	第 2 次测定						
	第 3 次测定						
$\bar{A}_{620}$							

标准曲线方程：_____

R^2：_____

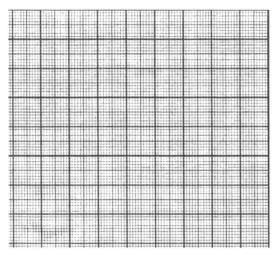

附图 43　葡萄糖标准曲线

附表 10　样品吸光度值测定数据记录

试管编号		1	2	3
A_{620}	第 1 次测定			
	第 2 次测定			
	第 3 次测定			
$\bar{A}_{620}$				

4　结果计算

原始数据：$\bar{A}_{620}=$_____；$C=$____mg/ml；$V=$____ml；$M=$____mg；$n=$____

标准方程：_____

计算过程：

$$W=\text{____}\%$$

5　结论与讨论

6　实验关键步骤和注意事项

7　思考题

a. 测定糖含量的方法还有哪些？在测定对象上有什么不同？各自有什么特点？

b. 如果要测量不溶于水的多糖，是否可以使用蒽酮比色法？如果要测定非水溶性多糖该怎么操作？

20____年____月____日

实验五　酶　的　特　性

同组实验同学：＿＿＿＿＿＿＿　成绩：＿＿＿＿＿＿＿

1　实验原理

2　实验操作流程图

3　原始实验数据记录

附表 11　温度对酶活力影响实验现象记录

试管编号	1	2		3
		1/2（冰浴）	1/2（温水浴）	
实验现象及分析				

附表 12 4 种不同 pH 对酶活性的影响实验现象记录

试管编号	1	2	3	4
pH	5.0	5.8	6.8	8.0
实验现象及分析				

附表 13 唾液淀粉酶活化剂及抑制剂实验现象记录

试管编号	1	2	3	4
实验现象及分析				

附表 14 淀粉酶专一性实验现象记录

试管编号	1	2	3	4	5	6
实验现象及分析						

4　结论与讨论

5　实验关键步骤和注意事项

6　思考题

a. 酶的活化和抑制实验中设置 Na_2SO_4 试管的目的是什么？

b. 要想获得良好的实验现象，pH 对酶活力影响实验中最关键的步骤是什么？

20＿＿年＿月＿日

实验六　2,6-二氯酚靛酚滴定法和紫外分光光度法测定维生素 C 的含量

同组实验同学：_____　成绩：_____

1　实验原理

2　实验操作流程图

2,6-D 法：　　　　　　　　　　　　　　紫外分光光度法：

3　原始实验数据记录

附表 15　2,6-D 法实验数据记录

平行滴定	第1次	第2次	第3次	$\bar{V}$
V_A（ml）				
V_B（ml）				

附表 16 维生素 C 标准曲线测定数据记录

试管编号		1	2	3	4	5	6	7	8
比色体系中维生素 C 含量（μg/ml）									
A_{243}	第 1 次测定								
	第 2 次测定								
	第 3 次测定								
$\bar{A}_{243}$									

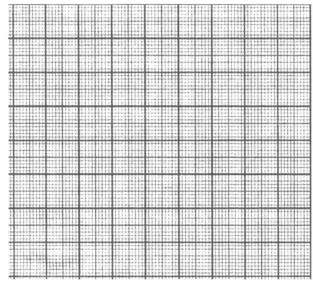

附图 44 维生素 C 含量标准曲线

标准曲线方程：＿＿＿＿＿＿＿＿＿＿＿＿＿＿＿＿＿

R^2：＿＿＿＿＿＿＿＿＿＿＿＿＿＿＿＿＿＿

附表 17 样品紫外测定数据记录

平行测定		1	2	3
A_{243}	第 1 次测定			
	第 2 次测定			
	第 3 次测定			
$\bar{A}_{243}$				

4 结果计算

2,6-D 法：

原始数据：V_A＝＿＿＿＿＿ml；V_B＝＿＿＿＿＿ml；V＝＿＿＿＿＿ml；V_S＝＿＿＿＿ml；

M＝＿＿＿＿g；K＝＿＿＿＿＿＿＿＿

计算过程：

$$W=\underline{\hspace{2cm}}\mu g/g$$

紫外分光光度法：

原始数据：$\bar{A}_{243}=\underline{\hspace{2cm}}$；$C=\underline{\hspace{1cm}}$ml；$V=\underline{\hspace{1cm}}$ml；$M=\underline{\hspace{1cm}}$g

标准方程：_____

计算过程：

$$W=\underline{\hspace{2cm}}\mu g/g$$

5　结论与讨论

6　实验关键步骤和注意事项

7　思考题

a. 测定维生素 C 的实验方法还有哪些？各有什么特点？

b. 两种方法检测结果有何差异？如何解释？

20____年__月__日

实验七　酵母核糖核酸的提取

同组实验同学:＿＿＿＿＿＿　成绩:＿＿＿＿＿＿

1　实验原理

2　实验操作流程图或加样表

3　原始实验数据记录

4　结果计算

RNA 的得率:
原始数据: m=_____g; M=_____g
计算过程:

$$W = \text{_____} \%$$

5　结论与讨论

6　实验关键步骤和注意事项

7　思考题

从整个实验过程考虑, 如何提高 RNA 得率?

20____年__月__日

实验八　酵母核糖核酸的组分鉴定及含量测定

同组实验同学:＿＿＿＿＿＿＿　成绩:＿＿＿＿＿＿＿

1　实验原理

2　实验操作流程图或加样表

3　原始实验数据记录

附表 18　酵母组分鉴定结果记录

试管编号	1	2	3
加入试剂			
现象			
鉴定结果			

附表 19　苔黑酚法测定 RNA 标准曲线实验数据记录

试管编号		1	2	3	4	5
A_{670}	第 1 次测定					
	第 2 次测定					
	第 3 次测定					
$\bar{A}_{670}$						

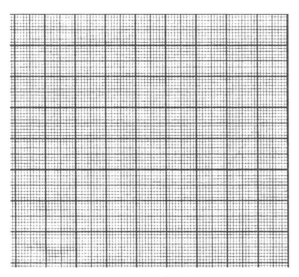

附图 45　RNA 标准曲线

标准曲线方程:＿＿＿＿＿＿＿＿＿＿＿＿＿＿＿＿＿

R^2:＿＿＿＿＿＿＿＿＿＿＿＿＿＿＿＿＿

附表 20　苔黑酚法测定 RNA 粗品含量数据记录

试管编号		1	2	3
A_{670}	第 1 次测定			
	第 2 次测定			
	第 3 次测定			
$\bar{A}_{670}$				

4　结果计算

样品 RNA 的纯度:

原始数据:$\bar{A}_{670}$=＿＿＿＿＿;　M=＿＿＿μg;　C=＿＿＿mg/ml;　V=＿＿＿ml

标准方程:＿＿＿＿＿＿＿＿＿＿＿＿＿＿＿＿＿

计算过程:

W=＿＿＿＿＿＿＿%

5 结论与讨论

6 实验关键步骤和注意事项

7 思考题

RNA 含量测定的方法还有哪些?

20____年__月__日

实验九　植物组织中过氧化物酶、丙二醛及可溶性蛋白质含量测定

同组实验同学:_____　成绩:_____

1　实验原理

2　实验操作流程图或加样表

3　原始实验数据记录

附表 21　样品中 POD 活力测定数据记录表

样品平行测定		1	2	3	均值
A_{470}	A_0（起始）				
	A_1（1 min）				
	A_2（2 min）				
	A_3（3 min）				

附表 22　牛血清白蛋白标准曲线数据记录表

试管编号		1	2	3	4	5
蛋白质的浓度（μg/ml）						
A_{595}	第 1 次测定					
	第 2 次测定					
	第 3 次测定					
	$\bar{A}_{595}$					

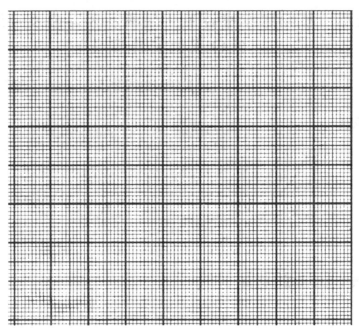

附图 46 牛血清白蛋白标准曲线

标准曲线方程：_____

R^2：_____

附表 23 样品中可溶性蛋白含量测定数据记录表

试管编号		1	2	3
A_{595}	第 1 次测定			
	第 2 次测定			
	第 3 次测定			
	$\bar{A}_{595}$			

附表 24 样品中丙二醛含量测定数据记录表

试管编号	1				2				3			
项目	第 1 次测定	第 2 次测定	第 3 次测定	均值	第 1 次测定	第 2 次测定	第 3 次测定	均值	第 1 次测定	第 2 次测定	第 3 次测定	均值
A_{450}												
A_{532}												
A_{600}												

4　结果计算

可溶性蛋白：

原始数据：$V=$_____ml；$\bar{A}_{595}=$____；$C=$____mg/ml；$M=$____g；$n=$____

标准曲线方程：_____

计算过程：

$$W=\text{_____mg/g FW}$$

POD 活性：

原始数据：$\bar{A}_0=$____；$\bar{A}_1=$____；$\bar{A}_2=$____；$\bar{A}_3=$____；$V=$____ml；$V_s=$____ml；

$\quad\quad\quad M=$____g；$n=$____；$W_p=$____mg/g FW

计算过程：

$$X=\text{_____U/g Pro}$$

MDA 含量：

原始数据：$\bar{A}_{532}=$____；$\bar{A}_{600}=$____；$\bar{A}_{450}=$____；$V=$____ml；$M=$____g

计算过程：

$$W=\text{_____μmol/g FW}$$

5　结论与讨论

6　实验关键步骤和注意事项

7　思考题

蛋白质含量测定的方法还有哪些？考马斯亮蓝 G-250 法的优点是什么？

20＿＿年＿月＿日

实验十　肝脏谷丙转氨酶活力测定

同组实验同学:＿＿＿＿＿　成绩:＿＿＿＿＿

1　实验原理

2　实验操作流程图或加样表

3　原始实验数据记录

附表 25　谷丙转氨酶检测实验结果数据记录

项目		样品管	标准管	对照管	空白管
A_{520}	第 1 次测定				
	第 2 次测定				
	第 3 次测定				
$\bar{A}_{520}$					

4　结果计算

原始数据：A_D=＿＿＿＿；A_C=＿＿＿＿；A_S=＿＿＿＿
计算过程：

X=＿＿＿＿U/ml

5　结论与讨论

6　实验关键步骤和注意事项

7　思考题

a. 酶活力测定实验中的关键步骤有哪些？对结果有什么影响？

b. 实验中设置的对照管和空白管及标准管的目的分别是什么？

20____年__月__日

实验十一 聚丙烯酰胺凝胶电泳法分离乳酸脱氢酶同工酶

同组实验同学:_____ 成绩:_____

1 实验原理

2 实验操作流程图或加样表

3 原始实验数据记录（电泳结果图）

附表 26　各组织器官中 LDH 同工酶带统计记录表

酶带	H	h	骨骼肌	心肌	肝	肾	肠	肺	脑	血清
LDH1										
LDH2										
LDH3										
LDH4										
LDH5										

注：在各组织器官栏目下的相应表格内用"√"表示该组织中相应酶带的存在

4 结论与讨论

5　实验关键步骤和注意事项

6　思考题

a. 不连续电泳中，其不连续体现在几个方面？目的分别是什么？

b. 实验过程中灌胶之后加入水层的目的是什么？

c. 样品胶中加入蔗糖和溴酚蓝的目的分别是什么？

d. 实验中电极的安装为什么"上负下正"？

20___年__月__日

实验十二　SDS-聚丙烯酰胺凝胶电泳法测定蛋白质分子量

同组实验同学:＿＿＿＿＿＿　成绩:＿＿＿＿＿＿

1　实验原理

2　实验操作流程图或加样表

3　原始实验数据记录 (电泳结果图)（原始数据请记录在附表 27、附表 28 中）

4　结论与讨论

附表 27　标准蛋白数据记录表

标准蛋白 M_r（kDa）	H	h	R_m
染色前胶片长度（D_1）		脱色后胶片长度（D_2）	

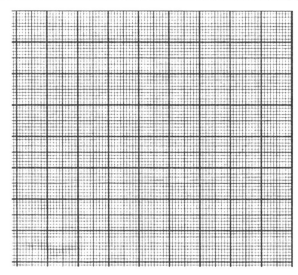

附图 47　标准蛋白迁移率与分子量对数曲线图

标准曲线方程：_____

R^2：_____

附表 28　样品中各蛋白条带数据记录表

蛋白条带编号	H	h	R_m	对应的 M_r（kDa）	蛋白条带编号	H	h	R_m	对应的 M_r（kDa）
1					8				
2					9				
3					10				
4					11				
5					12				
6					13				
7					14				

5　实验关键步骤和注意事项

6　思考题

SDS-PAGE 测定蛋白质分子量的原理是什么?

20____年__月__日

生物化学实验总结

（从知识、技能、科研素养、自身收获与体会及实验建议等几方面展开）